时　光

只偏爱

情绪自由的　你

生命中很多痛苦

都是情绪写的剧本

情绪自由
人生更轻盈

张德芬

著

湖南文艺出版社
HUNAN LITERATURE AND ART PUBLISHING HOUSE

博集天卷
CS-BOOKY

情绪自由，人生更轻盈

收到出版社发来的新书终稿，我仔细地校订了一遍，一字一句地审核这几年我走过的心路历程。不由得说，我的体悟越来越深，落地实操的方法也愈加清晰明了，我非常欣慰。

我相信这本书的内容，将带给更多的人更深的启发和认知，让他们了解自己的各种关系、日常生活中的行为轨迹，究竟出了什么状况，发生了什么问题，才让他们痛苦、纠结。

其中很特别的一句话，真的是我的肺腑之言："目前我们生命中的困境，让我们痛苦纠结的人、事、物，真的都是我们自己内在原来就有的情绪感受带来的，我们只是找个身边的或是看得见的人、事、物挂靠上去，然后发泄出来而已。"这真的是我多次的亲身经历，以及观察身边各类的人、事、物，进而总结出来的心得。所以说，面对人生的困境，与其和外境以及其他人不断地搏斗、争执，不如回头看看自己，为什么我会困在这个情境里面？我是如何把它创造出来的？有没有可以一劳永逸的脱身办法？这个"一劳永逸"是非常重要的，因为，也许我们可以顺利地打败外境、征服他人，但是，如果自己内在的模式不改变，类似的情境还是会发生——以不同的形式、强度，卷土重来挑战你。所以，不如内求一劳永逸的方法，让自己在人生的这个领域、这种遭遇中从此免疫。很神奇的是，如果你真的达到了"免疫状态"，同样的事情就再也无法困扰你，并且会就此在你的生命中消失。

　　靠内求的方法来止息我们的烦恼，可以经由各种途径。最幸运的人，就是经由"知见"的改变，能够一下子醒悟过来，改变看待人、事、物的看法，进而获得解脱。比如，很多我的读者，经由我的分享，立刻放下了生命中正在纠结的事情，感到喜悦度大幅提升。这是因为他们自己的福报和领悟力，更是因为他们命中的"时机"到了，就算不是我，也有别的老师、别的书，带他们走入"向内探索"的旅程，获得洞见的能力，进而提升自己。但是，大部分人都会感到一个无奈的事实：道理知道了，却仍然做不到。这是因为，我们大多数人，都还在过着"身不由己"的生活，心里明白，但是行为

上却无法做出改变。我们的行为是由大脑来操控的，大脑的神经回路是从童年开始，受到先天基因、外在境遇、教育等因素影响，形成了固定的回路。偏偏我们的大脑相当懒惰，如果你不去有意识地改变它，它就会按照行之有年的方式去回应外界的刺激。所以，"有意识地去改变自己大脑的神经回路"，是一劳永逸消除烦恼的好方法。前面说过，也许一本书就能触动你，让你做出改变，从而用不同的眼光看待人生。但是，更多的人，因为情绪的积压、能量的累积，让他们在情绪激动的时候，就是无法控制自己，或是说，他们的负面情绪"迫使"他们用比较负面的眼光去看待事情，同时以负面的方式去回应。所以这个时候，其他的干预手段就很重要，比如，有计划地去清理自己身体的堵塞能量（借助跳舞、冥想、健身等手段），借由推拿按摩、拉伸（瑜伽）、能量导引（太极），让自己的经络更加疏通，因为我们的很多情绪都是潜藏在经络之中。找到一个自己觉得可以依归的宗教信仰，遵循一些仪轨、仪式，做一些心灵和能量的净化，也都很不错。但所有这些行为，都需要一个有意识的主宰去执行，否则我们就会以为：自己的地图（想法、概念）就是真实的世界——我们用自己的方式看待事物，认为这就是它们实际的状态。而且我们还会受自己固化的大脑神经回路控制，不愿做出改变。想要建立一个有意识的发号施令的内在中心，静坐冥想其实是最好的方法。学习用一个观察者的临在意识，在静静坐着的时候，去观察自己内在的所有心智活动，有什么比这个更能让人掌握自己的内心呢？但是，静坐冥想的效果不够快速明显，而且有些人觉得枯燥，坚持不了，但可以多方尝试，总有一些冥想的方式是适合你的，这是能解除所有痛苦和提升智慧的万灵丹。一般来说，如果每天静坐二十分钟，持续三周，多多少少就能感受到它在稳定情绪、提升能量方面的功效。再就是，利用比较集中的能量爆破的方式（跳舞、戏剧治疗、呼吸、系统排列、身体工作等）进行的疗愈工作，可能也会有所帮助。

　　但最重要的是，你，一定要"苦够了"，不愿意再按照现在的方式过下去了，你急需改变自己，以寻求内在的平安和喜乐，那么，以上这些"内求"的方法，你都可以去尝试。与此同时，我也希望这本书像一盏探照灯一样，照亮你内在黑暗无明的地方，让你看清楚自己困境的真相是什么。钥匙也许就在你手里，或许，你一直以为囚禁着你的大门，其实根本没有锁。

　　我祈愿这本书能有这样神奇的功能和效果。

　　也祈愿更多的人，能够离苦得乐，明白真理，自在解脱……

2020 年 12 月，台北

遇到什么人，经历什么事，

都是你内心的真实写照，

所以照顾好你的情绪，

人生也会大不同。

Contents

目　录

Contents
目 录

PART
1
向内探求，看清情绪的真相

PART

2

你情绪里的刺，
是小时候藏起来的委屈

目 录

PART
3

为自己的情绪负责，
让所有关系回归爱与自由

PART

4

释放负面情绪，
体会前所未有的轻盈人生

PART

5

深度疗愈负面情绪，
收获爱与喜悦

Postscript

后记

内观自己的情绪模式

/ 212 /

情绪自由　人生更轻盈

从身体层面去观察情绪对你的作用。

感受它，接纳它，让它流经你，然后消失。

如果能够这样对待每一个困扰我们的人、事、物和情绪的话，

命运就掌握在我们自己手里了。

PART

1

向内探求，看清情绪的真相

~

01

哪有不可原谅，
你只是不肯放过自己

一个人的命运是自己造成的吗？

茉莉的姨妈命很苦，丈夫早死，两个儿子竟然也分别罹患绝症先她而去。姨妈孤苦一人，想到了失散多年、在台湾的姐姐。虽然素有来往，但毕竟不是那么亲密，于是姨妈就随朋友到台湾去找姐姐。

姨妈的姐姐，也就是茉莉的妈，一开始就反对妹妹过来。姨妈本来还想住在姐姐家，被茉莉妈妈严词拒绝。姨妈到了台湾以后，姐姐就见了她两面，并且没有邀请她回家坐，姨妈也没见到姐夫和其他人。

看到这里，你会觉得茉莉的家人很没有亲情吗？但是如果你了解姨妈是怎样的人，就完全能够理解茉莉家人的做法了。

姨妈走了以后，妈妈告诉茉莉，每次见面，姨妈都觉得姐姐欠了她的。解放战争时期，姐姐被爸爸的朋友带到了台湾。姨妈宣称，她在单位里面"本来可以飞黄腾达，但是因为姐姐在台湾，就受到歧视，所以不能转正"。

这件事情，每次见面都要拿出来说，并且姨妈会用各种方法加重茉莉妈妈的罪恶感，让茉莉妈妈觉得非常难受，但是又做不了什么。

姨妈的贪婪也让茉莉全家避之唯恐不及。每次见面姨妈都开口要钱，永远不够。其实姨妈每个月领到的退休金也不少，她在三线城市生活，加上有配房，过得是绰绰有余的。但是恐惧和贪婪让姨妈一直不断跟茉莉妈妈要钱，而且还觉得理所当然。

姨妈这次来口气更大："你不要每个月给我钱了，你一次给我一年的。不，给五年的吧，谁知道你们家能有钱多久？！"这话让茉莉的妈妈听了特别生气。

一个人的命运是自己造成的吗？

表面上看，姨妈的语言行为，造成了她亲姐姐的疏离，没有人想和她靠近。但是，姨妈无法选择她的丈夫和儿子们的早逝，更无法选择她贪婪无知和粗俗的性格，她纯粹就是一个命运的受害者。

茉莉是我的朋友。她没有批判姨妈，实际上，她是全家唯一还愿意跟姨妈说话、来往的人。因为，她就是看到了这一点：姨妈就是一个命运的受害者。

同父同母的姐妹，差三岁，茉莉的妈妈高贵美丽，皮肤白皙，年纪大了，有老伴有儿女，一家人其乐融融。姨妈皮肤黝黑，说话声音都粗鲁，更别说整体的气质谈吐了，然而姐妹俩长得还真像。

这公平吗？

不公平。谁说人生是公平的？一分耕耘一分收获，真的管用吗？有人说，基因就是命运，可是像茉莉的妈妈和姨妈，同一个基因来源，长相近似，但命运却如此不同。

所以，我们只能成为命运的受害者吗？

我们和茉莉姨妈的差别是什么？我们需要怎么做才不会沦为命运的奴仆？

宽恕，其实是放过自己，不是为了别人

我们无法控制发生在我们身上的事情，同样，我们如何回应发生在我们身上的事，一开始也是无法控制的，而这就是修行的重要起点。

姨妈不懂修行，也不会反观诸己，她只能成为命运的囚徒。她无法意识到"人我"和"因果"的关系，只能像一台由自动化程序操控的机器一样过她的人生。你呢？你看到这篇文章，可能也看过我的书，上过一些灵性课程，你想要翻身吗？你想要自由吗？你，想要改变吗？

举例来说，我在微博上发了路易·史密德的一句话："宽恕，就是让一个囚犯自由，然后你会发现，那个囚犯就是你自己。"

任何有怨恨后来放下的人其实都可以验证这个道理——你不原谅一个人，一直怨怼他，最后，其实痛苦、受压迫的是你自己，而

不是对方。宽恕，其实是放过自己，不是为了别人。

有读者留言："我每天都在折磨自己，跟神经病一样，为什么我就做不到宽恕？内心始终无法放下。可能是被伤得太深，也可能是自己不甘心。我该怎么走出这个困境呢？真的不想这个样子。"

是的，宽恕不是每个人天生都有的美德，有些人就是需要后天学习的。

不能宽恕的原因是什么？很简单，就是我们无法和内在那个不舒服的感受待在一起。

那个人背叛我，让我觉得自己很没有价值；那个人伤害我，我的利益损失了，我不甘心；那个人羞辱我，让我觉得没面子……

没有价值、不甘心、没面子，其实都是一种"感受"和"情绪"。我们当时吃了闷亏，咽不下那口气。这个时候，如果情势需要你去采取一些行动，那一定优先去做。

但是，如果实际上你已经无法做什么，只能自我消化的时候，最好的做法就是去忽视那个造成你拥有这种感受和情绪的人和事，专注在你的情绪和感受上。我常说，先不去追杀那个放火的人，而是先救火。

接下来，你可以做的是：

1. 为它们命名。

你感受到的情绪是什么？是羞辱吗？是悲伤吗？是无价值感吗？是绝望吗？我们每个人都可能有上百种情绪，为它们命名，看清楚它们，是能够让你跳脱出来的非常重要的步骤。

2. 接下来，看到它们在你生命中的重复性。

一定不是这个特定的人、这件单一而特殊的事才勾起你这个情绪的，它一定是反复发生的情绪模式，在你生命中一再出现的。认清它们的足迹，接受它们是你自身携带和生产的，而不是外界引发的。宣告、承认你对它们的"所有权"！

3. 下定决心不让它再来主导你的人生。

每当这种情绪一出现，你就逃跑，或是做一些补偿行为，好让自己不要感受它。那些补偿行为可能稍后会让你感觉更不好（比如因为不想感到愧疚而去额外付出），或是会遗留一些后遗症（像各种上瘾的行为），你已经受够了！

4. 让自己挺直腰杆，像一个勇士一样坐在那里，说："来吧！让我好好感受你，看你能把我怎么样？！"

端坐着，回想一些情境，帮助你把这些情绪带出来，然后，老老实实地待在那里，用身体去感受情绪，或是说，从身体层面去观察情绪对你的作用。感受它，接纳它，让它流经你，然后消失。

如果能够这样对待每一个困扰我们的人、事、物和情绪的话，命运就掌握在我们自己手里了。

如果实际上你已经无法做什么，只能自我消化的时候，最好的做法就是去忽视那个造成你拥有这种感受和情绪的人和事，专注在你的情绪和感受上。

02

当你愿意走出痛苦，
全宇宙都会来帮你

你逃避的人生课题，会以另一种形式回来

心理治疗师海灵格说过一句话，"受苦比解决问题来得容易"，这真是一语道破许多人的受害者心态啊。

解决问题对很多人来说，意味着改变自己或对方、外境，或是会动摇现有的安稳状态，尤其是如果你找到问题的根源且愿意面对的话，那会牵扯到需要改变自己根深蒂固的一些想法、习惯、行为，这是最难的。

所以，遇到问题人们就停留在原地不动，继续受苦，同时埋怨别人（或是单位、社会、老天），这是最省力的方法。

蕾蕾是一名年过半百的家庭主妇，是属于我"家庭圈"的一位

朋友。最近她跟我说，她因为一件很小的事情，产生压力，并开始有了恐慌和心悸的症状，同时经常喘不过气来。检视自己看起来幸福无虞的人生，她发现自己对老公和他家人，有很多的怨愤，当然主要原因还是来自金钱。

蕾蕾的问题，表面上看是老公对婆家人过于照顾，对她来说，是很不公平的。不过，我知道，蕾蕾的问题来自自己多年没有挣过钱，对金钱有一种非常恐惧的不安全感。她觉得自己委屈，因为老公从来不和她正面沟通他照顾家人的事，她也一直隐忍着。

这些委屈和怨愤，年轻的时候，还可以控制得住，一旦年纪大了，心力不足，就开始在身体层面造成各种麻烦。

其实认真检视一下他们家的财务状况，是没有什么大问题的。蕾蕾是因为多年积怨，再加上现在心气弱，所以迸发成生理疾病。蕾蕾跟我谈话的时候，焦点始终放在老公和他的行为上，以及家庭财务分配不公等琐碎的事情上面。

我告诉她问题的根源不在此，但显然，**每种情况的受害者，都觉得"外境"和那个引发外境的"人"才是我们要探讨的对象，他们热衷于探究对方行为的不公、错误，以及对自己造成的伤害，沉溺在"受苦"中，并不想真正地解决问题。**

　　因为责怪别人，比承认自己需要改变容易；

　　因为承受不幸，比享受幸福来得简单（by 海灵格）；

　　因为抱怨、受苦，比改变自己的观点和惯性更让我们自在。

读这篇文章的读者应该都比较年轻。我语重心长地想和大家说：此刻你们逃避面对的人生课题，永远都会在稍晚的时刻，以更严峻、更厉害的方式呈现，逼着你不得不去好好面对。

所以，不如就从现在生命中的一些困境、课题开始练习。

首先，从更加了解自己的内在运作方式开始，学习从看到自己的负面情绪着手，深入探究是什么样的想法让你产生了负面情绪。

有些人不愿意改变，是因为受的苦还不够多

樊登老师采访我的时候曾说起，有些人非常痛苦，求助于他，他的回答也是"你需要做出改变"。

问话的人其实自己也知道，但就是没有动力去做，还继续问："那我究竟应该怎么做呢？我就是不知道怎样去改变。"樊登老师想知道我会怎么回答。

我说："这些人其实痛得还不够，就让他们痛到不行的时候再说吧！"

如果你的手正在被火烧，我需要跟你说让你离开吗？如果你自己不走，说明你被烧得还不够，那就等烧够了，你自然会寻求各种方法让自己解脱。

所以，在痛苦中挣扎的人，最重要的就是要看见自己在受苦，而且愿意承担自己受苦的责任，而不是用各种借口来让自己继续留在痛苦中。

有些人以苦为乐，因为痛苦给予他们一种虚假的身份感，让他们变成一个"有故事"的人，是可以出去和别人说的。至少，有些东西可以拿来说嘴，代表"我"。

如果你离不开痛苦，可能真的要看看，这份苦，是否带给你一些附加价值（secondary gain），让你舍不得脱离受害者身份。

有些人的确是苦不堪言，但是自己一点委屈都不能受，一点亏都不能吃，无法理解"退一步海阔天空"的释然。这种人吃苦也吃得振振有词，因为——都是其他人的错。

当你决定走出痛苦，全宇宙都会来帮你

我和儿子去健身房锻炼的时候，问他："坐在家里看电视，比跑步舒服多了。平板支撑比躺在那里辛苦多了，为什么我们要做？"

他说："锻炼！"

"为什么要锻炼？"我问。

"对我们身体健康好啊！有各种好处。"儿子理所当然地说。

"是的，"我借机教育，"心理的健康也是需要锻炼的，一开始也会让你不舒服，你需要违反自己的惯性，走出自己的舒适区，但是，这是最棒的增强内在力量的方法。"

从我自己的经验来说，我过去是一个一直在吃苦的人。我受的委屈说出来，其实也非常值得被同情。当然，这不能抹杀我要为自己负责的部分，那就是：

在痛苦中挣扎的人，最重要的就是要看见自己在受苦，而且愿意承担自己受苦的责任，而不是用各种借口来让自己继续留在痛苦中。

为什么你会遭遇这样的事、做这样的选择？

为什么你当时看不出别人都看得到的"真相"？

为什么你任由对方这样对待你？

我能走出痛苦的最根本原因，就是我愿意为自己应该负责的部分负责，同时，用各种方式学习和痛苦同在——各！种！方！式！

当你决心要脱离痛苦时，有这样的坚强意愿，宇宙就会调动所有的资源来帮助你。

相信我，你可以做到的。

祝福你！早日走到隧道的尽头，体会那里的光和爱！

03

走出剧情：
和自己内在发生的情绪共处

你的人生，是你写的剧本

时尚界著名大师老佛爷 Lagerfeld（拉格斐）过世了，生前他打算把全部遗产留给一只猫。

虽然这在法律上是不被承认的，但是，他对猫的感情有多深，可想而知。

与此同时，这一举动也让人同情他，因为他身边竟然没有一个亲近的人——亲密伴侣？兄弟姐妹？侄子侄女？好朋友？显然一个都没有。

他住在偌大的豪宅里，享受着世间的一切繁华。世人的敬重、爱戴，都不如这只朋友寄养在他家的猫带给他的感情依托来得重要。

　　我的一位朋友养了十五年的狗狗最近去世了，她的反应，也可以用"如丧考妣"来形容。2018 年年底，我养了十多年的狗狗也病逝了，我很难过，很想念它，但是，都不至于如此。

　　不是因为我没心没肺，而是我没有投那么多的感情在我的狗狗身上。虽然儿女都不在身边，我总是自己一个人，但是我对狗狗的情感依赖就是没那么深。

　　在一般人眼里，Lagerfeld 的猫和我朋友的狗，真的是非常普通、平凡的动物，但为何在他们眼中，却如亲人一般珍贵？

　　这就是这篇文章要探讨的主题：

　　我们生命中很多的痛苦，都是自己撰写的剧本、为自己加的戏。既然我们可以写苦情戏，当然也可以写欢乐剧。

　　而第一步，就是要认识到自己是编剧高手。

015

每个人，都是最佳玩家

　　我不认识 Lagerfeld 本人，无法评判他的生活，但是如果去世的时候需要把遗产留给一只猫，说明他的世界是非常冰冷的，他把"人"都隔绝在他的心门之外，无人可以走进。

　　然而他的心里是寂寞的、孤单的，否则不会在朋友托他照顾猫几天之后，就爱上这只猫，倾注所有的情感在它身上。

　　在这只普通的猫身上，他加了许多"戏"，所以，最后这只猫就成了他离开世界时，唯一寄托温情之所在。

就像很早前的一部电影《荒岛余生》（*Cast Away*），汤姆·汉克斯扮演的角色因为遭遇空难，一个人在荒岛上生存，他如此寂寞，所以必须创造出一个说话的对象——一个沾了他血手印的足球。他还为足球起名为威尔森，并常常跟"威尔森"说话，甚至还会吵架！

是的，剧情平淡的生活太无趣，没有人吵架就没有高潮起伏，太无聊了。

我们的人生是否也是如此？谁要一帆风顺、没有障碍和挫折的人生？表面上看，每个人都要，但实际上，并不是。

我们都是戏精，喜欢情感充沛的大戏，所以添加了众多的戏剧元素在我们的关系、生活中，好让自己的生命有色彩，有波折，有激情。

所以，我们每个人都是自己生命的最佳玩家。

问题是，我们有时候玩过头了，搞得太戏剧化或是太悲情，自己都受不了，后悔了，这个时候，其实只要修改剧本就能够挽回。

但是，大多数人都不知道自己有这个能力。

就让我们来看看，如何修改自己的人生剧本吧。

首先，举一个范例。

据说，有一个村落里住了一位禅师，他德高望重，大家都非常敬仰他，常常送东西给他吃。

有一天，村里的少女怀孕了，父母追问孩子的父亲是谁。少女迫于无奈，只好说，是禅师。

村民们到了禅师家门口，唾骂他，还吐口水在他门上。

面对所有的谩骂和指控，禅师只说了一句："是这样的吗？"

此后没有人再搭理禅师，看到他都用鄙视的眼光怒目相视。

少女后来生下了孩子，她的父母就把孩子带到禅师家，丢在门口说："这是你的孩子，你自己养。"

禅师也是说："是这样的吗？"就接过了孩子，抚养他。

后来父母发现少女和一名少年屠夫往来密切，追问之下，原来屠夫才是孩子的父亲。

村民们又集结在禅师家门口，少女的父母向禅师道歉："对不起，我们错怪你了。这个孩子我们现在要抱走。"

禅师还是说："是这样的吗？"

禅师显然就是一个没有故事的人——他完全接纳当下发生的所有事情，并且与之和平共处。他没有要演一出激情大戏的欲望，所以随顺自然而行。

017

这么高段的修行，我们一般人是做不到的。但是，我们至少可以学习到"在当下，和自己内在发生的情绪共处"，我以前的文章和书中都说到了很多。

改写人生剧本的最佳方式

心理学家李雪 2018 年年末出了一本新书《走出剧情：活在人生的真相里》，说的就是如何自我负责，获得内在力量，不再当戏精。

　　李雪非常传神地跟我描述她的四天顿悟的过程。当时，就像有一个保护罩罩在她周围，而各种剧情，就像长长的绳索，想来勾住她，但是因为有保护罩在，所以没能得逞。

　　四天过后，保护罩退除，剧情线过来了，勾住她，她以强烈的意识觉知斩断了线，但是后来剧情线接二连三地勾过来，她无法招架，又回到被剧情线拉住的生命状态。

　　不过，她不会像以前那样理直气壮地做受害者了，剧情降临的时候，很容易看到，所以，她写了这本书。

　　现在，给大家示范如何走出剧情。

有人做的事让你不舒服了。

剧情 1：他每次都这样，这个人就是非常糟糕，我要跟他保持距离。

剧情 2：他是故意让我难堪或不尊重我。

剧情 3：他可能不是故意的，最近太忙了吧。

剧情 4：他就是一个非常愚蠢的人，不理他。

剧情 5：这件事除了让我不舒服，对我来说有没有实质损失？没有的话无所谓，我不采取什么行动。如果有实质损失，我会理性地去交涉。

其实，我们每一个人都有能力在这些剧情中选择最适合我们、对我们最有利的反应和想法，但是，我们最常做的就是按照自己的惯性去回应。

所以，当你发现自己的某种关系搞得很糟糕，自己很不快乐，或是某件事老是搞不定时，可能需要你把对这件事、这个人的想法和回应方式写下来，白纸黑字地看到它们。并且，认真地探讨这些想法和反应模式，究竟能不能帮到你，得到你想要的东西。

放开自己的任性和情绪，选择对自己最有利的回应方式，就是改写人生剧本的最佳方式。

当然，你首先要知道自己真正想要什么。

如果你就是想要成功，那有的时候就必须放弃一些原则，甚至尊严。

如果你要的是幸福，就不要在关系里争执对错，你的回应方式要能够让对方更加疼爱你，而不是被你骂走。太贪心的人，认不清自己的人，最终会无法得偿所愿。

　　看到那些对你不利的剧情，就放下它们吧！承诺自己：你真的是想要幸福，而不是顺着自己的惯性模式生活。

　　当然，游乐场里云霄飞车是最多人排队的，如果放不下剧情，就是想演刺激、过瘾的戏也无妨，但是要能进退自如，不被卡在恶性循环的模式里，最终才能毫无遗憾地优雅离场。

04

累积内在力量，
让困难变成助力而不是阻力

痛苦，是拦路石还是垫脚石？

在一次镜子练习课程的直播答疑中，一个朋友提出了问题：

"我读了您的书，了解到一切都是最好的安排，我也改变了心态去接受事情。可是到了后来，事情一波接一波，只有更坏没有更好，我是否还应该相信这个信念呢？"

亲爱的，没错，的确"一切都是最好的安排"，但是"最好的"并不是由我们来决定，而是由我们的灵魂决定的。

如果你的灵魂希望你在感情上学会独立自主，你的亲密关系就不可能一帆风顺，目的是在困难中，学到功课，进阶升级。

"一切都是最好的安排"还有一个深意，那就是学习接受已经发生的事。

因为发生的事最大，任何人不可能改变。我们学会"接受"，在情绪层面臣服，省下来的能量，就可以充分运用在如何处理、解决问题上。

没有抗拒，就不会消耗能量，和已经发生的事抗争，吃亏的是谁呢？

所以，我越来越发现，生活中的一切横逆、险阻，如果你认为它是个障碍，耗费很多能量去对抗它，就会让自己的生命非常悲催。

这种情况下，它就会是一块拦路石，挡着你要去的路，你只能想办法绕道而行，或是准备炸药把这块石头给炸了，或是一天到晚在石头前愤怒、抱怨。

你也试着去撬动它，但大多数时候，它都纹丝不动，最多只能被切掉一小块。

但是，如果你把它当成垫脚石，那你会想办法超越它，自己锻炼肌肉准备攀岩，备好工具，开始！

最终，你靠自己的力量登上了这块石头，你会发现你的眼界不同了，你所在的层次不一样了，你看到了人生前所未有的另一番风景，这是在石头前哭诉的你所想象不到的。

越早看清生活，越少受苦

如何攀岩？现代人的问题很多，每一个都可能是一块大石头。如何累积内在力量，让困难变成助力而不是阻力？

首先，要建立自己的正知正见。其次，要学会认出自己的情绪习惯。我们要能看见：

什么想法对自己是有利的？

我现在的想法是不是错的？

别人过得那么好，我要不要学习一下呢？

我如何能更加茁壮地成长，为自己创造幸福？

很多人生活在自己出厂设置的人生程序中——总是以负面的眼光看待一切事物，总是抱怨却不见行动，情绪的基调就是悲情的、愁苦的，这样的人，生活很辛苦。

我们能否看见，外面发生的一切都是我们召唤来的，或是我们造成的？一天看不清楚，我们就会受苦一天。

看清楚了，愿意承担自己生命的责任，痛苦就会越来越少。至少，你不会为之所苦了。

我看过太多的例子，很多人遇到了不好的婚姻、不对的人，孩子出了一些状况，最后他们都能够化腐朽为神奇，把灾难变成祝福，让人生更加充盈美满。

张德芬幸福研习社的一个分会会长就告诉我，当年她十多岁的儿子有了一些反叛行为，让她惊觉到自己家庭的一些问题，于是开始个人成长、学习。

她说，如果不是自己转变，儿子都不知道会怎么样，老公也可能和她离婚了。

023

因为发生的事最大，任何人不可能改变。我们学会"接受"，在情绪层面臣服，省下来的能量，就可以充分运用在如何处理、解决问题上。

所以，她现在的幸福来自面对儿子异常行为的挑战，她没有只去修正儿子，而是让自己成长，最后收获的是完美的家庭和事业。

我自己走过那么多人生的风风雨雨，最后的感悟是：无论是谁在此刻的生命中为难你、让你受苦，你要做的是如何在几年（或更短）的时间内，让他成为一个你会感恩的人。

这样做的人，内在力量强大。学会了这本事，未来的人生会更笃定、丰富、有趣。

任何事，都能让你强大而柔软

如果我们随着年龄增长，敌人、仇家只是越来越多，那么我们的晚年，就不可能岁月静好。

受一次苦，学会了功课，锻炼了肌肉，我们就会越来越不怕风霜雪雨的考验了。

有一个朋友的姐姐，嫁了一个有家庭暴力的老公，她总是说："不管怎么样，他给了我一个这么好的儿子，我感恩他。"

带着这样的心态，有一天她带着儿子逃离了家暴老公，这是最好的决定。

心理上，她没有怨言只有感恩，孩子也不会恨父亲；行动上，她勇敢地带着孩子离开家暴的环境。我赞叹：她对孩子的爱，超越了她对老公的恨，让她的生命好过了很多。

而我们看到，很多人其实是自己害怕离开婚姻，却拿孩子当借口。

一方面在家暴中承受痛苦，不采取实际行动拯救自己；另一方面又在含恨抱怨，常常找人哭诉。这是送给孩子最差的礼物。

我把上面那一段感悟发在微博里，有一个网友就留言说："我杀了你子女，你还感恩我？呵呵！"其他网友看到留言后很愤怒，表达了不满。

我个人倒是没有愤怒，我把这当成案例来给大家说明一下。

看到这个留言，我的第一反应当然不是很舒服，然后我看到了我的恐惧。

因为我一直在练习，所以直接看到了自己愤怒背后的真实感受，并且为之负责，这样就不会被愤怒宰制。

我当然会恐惧，如果这个世界上还有什么是我愿意用性命去交换的，那就是我的孩子。那一瞬间，这个网友激起了我对失去孩子的恐惧和痛苦，我看到了，然后安然地和这个感受待在当下，和它在一起。

因为我没有抗拒这股在我心头沉甸甸的能量，所以我的脑袋是理智、清楚的。

我知道这名网友内心很痛苦，也很暴力，我能理解她，而且，我知道她不会真的采取行动。但是，失去孩子的恐惧还是相当巨大的，被她唤醒之后，我必须好好面对它。

如果我的孩子必须比我先离开这个世界，我有什么能力、权力去阻止呢？而我自己的感悟真的是——发生的任何事情，都应该让你变得更加强大而柔软，而不是被它击败。

于是我回复她："我会恨你几年，然后用你丢过来的这坨粪便，培育我的生命之花，让它更加灿烂美丽。"

也许我一下子做不到，但是，我一再说，"意图"很重要，我们必须为自己设定一个正向的意图，不能破罐子破摔地过人生。

我此生致力于突破我们的先天出厂设置，让我们都能够过得更自在、淡定，生而为人，这是我们每一个人的责任。

我的亲密关系天生的出厂设置非常差，我只要一动心，就会生出一股悲情的感觉，要感受分离之苦，还有所求不得、所爱不能的悲痛，怎么悲剧怎么来。

所以，在亲密关系中，我会不断经历这样的感受。直到有一天，我突破了自己的限制，愿意接受单身的事实，学习真正的情绪、情感独立，我才发现，原来单身的世界这么好玩。

有这么多深层次的东西可以发掘，这是始终把注意力羁绊在对方身上的我，以前不曾体验到的。

慢慢地，我要学习如何建立平等的、真实的关系，与朋友、家人、爱人，都是如此。

这样分析一通，你们会不会觉得人生从此可以是不一样的风景了？

磨难、痛苦，只能让我们拿来当作垫脚石，当我们玩够了，经历够了，就可以消停了。

那个时候，你回顾自己的一生，没有后悔，没有怨言，有的只是对人性最深的理解和悲悯，对自己最深的接纳和赞赏。

希望这是每个人的人生实相。

毕竟，亲爱的，外面没有别人。

05

改变根深蒂固的
情绪习惯

情绪的"个人责任制"

在最近的分享中，我越来越强调"个人责任制"——你所持有的情绪感受模式，会让你在自己的生活环境、生命情境中，创造出符合你这种情绪模式的事件和人物，好让你去感受到它们。

所以，当我们不喜欢我们感受到的东西时（自卑、悲伤、委屈、鄙视、自责、愤怒等），就会把让自己感受到这些东西的人、事、物推开，或是想修正它们、责怪它们，反正就是找外面的麻烦。

因为改变自己行之有年、根深蒂固的情绪习惯，是比较困难而且不舒服的（但是一旦改变，那就是一劳永逸的解放了）。去修正外面的人、事、物，不但有对象可以战斗（相较于和自己较劲），让自己的生命增添各种色彩，而且可以责怪对方、制造各种戏码，让我们的存在更有感觉。

很多人不会平平静静地过日子，一定要在生命中制造各种剧情戏码，才觉得自己是活着的。但是，这种戏精，通常也不快乐。因为他们的各种关系一定比较紧张，工作连带会受影响，而身体更会在一定的年龄之后，呈现出很多问题。

你的幸福有前提

在一次演讲中，我苦口婆心说了半天这些道理，演讲完毕开放问题时，有一个可爱的小女人举手发问，投诉自己老公。

她说在结婚前，老公还挺能挣钱的，婚后却越来越不能挣钱，全家的生计都变成靠她一个人，然后她骄傲地说，她一年能挣到两百万。老公不能挣钱，她觉得委屈，语气中诸多嫌弃。

我问她，为什么不能接受老公就是这样的人？她大声回应："可是为什么我们结婚前他能挣钱呢？"我开玩笑说："你克夫吧！"

其实，这句话多多少少有点真实的成分。倒不是说她让老公运气不好、挣不到钱，而是她这样强势且自傲，可能在关系中会让男人退缩——反正你会挣钱，你又那么得意，那你就挣吧！我再怎么努力都没有用，你都不待见我，干脆放弃。

当然，她老公的这种无力感，也是来自童年时期那种无论如何取悦母亲都无法如意的挫败感，所以，"放弃"是她老公面对这种

029

无力感、挫败感的防御方式。我也开玩笑地和她说，我就不介意我的男人不挣钱啊，他只要自己开心，对我又好，何必在乎钱是谁挣的呢？

她反驳说："那是因为你有钱。"我笑了，说："我有钱，是因为我要的不多。我如果向往豪宅名车，喜欢珠宝名牌，那我会觉得我的钱不够用。你自己那么会挣钱，还想要更多，问题是出在谁身上呢？"

在一开始演讲的时候，因为是张德芬幸福研习社的主题演讲，我问大家，是不是真的想要幸福，所有人都异口同声地说：真的想要。那这个例子在这里就现出原形了。你真的想要幸福快乐，为什么在这件事情上要"作"呢？

显然，这个小女人表面上执着于"希望自己的男人挣钱"，但又希望自己能够胜过男人，能在能量气场上碾压自己的男人。陷在这样的思维模式中，她离幸福只会越来越远。但是她却理直气壮地认为自己养家、男人不挣钱让她很委屈，她需要男人挣钱才会觉得幸福。

所以，她对幸福的要求，是有前提的——一定要在某种情境下，她才能幸福。所以，她是真的要幸福吗？

幸福与否在自心

我们每个人是不是或多或少都会在这种怪圈里打转？幸福需要条件吗？我们看到许多先天条件不佳的人，把自己的生命活出了幸

你所持有的情绪感受模式，会让你在自己的生活环境、生命情境中，创造出符合你这种情绪模式的事件和人物，好让你去感受到它们。

福。越是去到穷乡僻壤，越能看到许多人发自内心的愉悦笑容，所以，幸福与否真的不取决于外在的条件，而在于自己的心。

我们有没有勇气为自己争取幸福，而不拿外面其他的人、事、物来说事？这个勇气很难拥有。因为在个人成长过程中，为自己的幸福负责，不推卸责任到别人身上，真的是最难的一步。但是我也一再说，你去修正外面的人、事、物，而不在自己身上下功夫，你一辈子都会在这个怪圈里打转。

像这个小女人，如果有一天她老公挣钱了，她反而会觉得很挫败，又会找其他的事来"作"。因为在她内心深处，有一个小女孩，从小就是委屈的。很可能是爸爸重男轻女，没有善待她，那个"被男人委屈"到的小女孩，一直在伺机报复，并且要证明自己比男人厉害。

结婚以后，她在夫妻关系中复制了和爸爸的模式。而另一方面，在爸爸偏心待遇下长大的她，变得争强好胜，想要胜过男人以证明自己。如果我们看不到自己内在的这种纠结模式，就永远会在外面打转，无法获得幸福快乐。所以，老公不挣钱，只是小女人模式发作的一个借口，不是这个也会有别的。

这个小女人，可能需要去看到她爸爸本身的局限——他不会爱人，只能用自己的模式来对待孩子。他认为女孩没用，所以亏待她，那是他的问题，和她好不好、值不值得被爱没有关系。如果能够在自己内心深处，和过往的创伤做一个和解，那么就不需要在成年后，再去复制同样的模式了。

同时，如果她真的想要幸福快乐，而不是证明自己是对的、更厉害的，那么，可以去看看其他人在同样的情况下，是如何过得快乐的。

是什么阻挡了你的喜悦

我觉得这是一个很基本的功夫——如果你承诺，自己的幸福快乐是第一要务，而现在的你，在某种情境下（像小女人的例子：老公不会挣钱，光靠我）无法幸福，那么可以去看看别人，在同样的情境下（现在很多家庭都是女人比较会赚钱），为何拥有幸福快乐？从这一点我们就可以看出来，无法幸福快乐的原因是在我们自己身上，而不是因为外境。

但是，有多少人拥有这样的谦卑和智慧？我追求幸福快乐的方式，就是看看此刻我生命中究竟是什么阻挡了我的喜悦。如果是竞争比较的嫉妒心让我不安，那么我会自我调整，看清楚自己内心的贪婪，愿意放下竞争比较。如果是索求不得让我不爽，那么我会调整自己的欲望和目标，更加顺其自然。

我是一个欲望比较强烈的人，以前的个性就是要什么就非得到不可。后来经过很多年的观察和磨炼，我发现，以前我很想要的东西，有的时候竟然变成了我不想要的，或是我想要一个东西得不到，原来后面有更好的东西要给我。

经过多次的试验和体悟，我终于越来越淡然地接受生命中的得与失，因为我知道，太过计较得与失，反而会失去心中的那份淡定和喜悦。

真正地顺其自然、顺应情势去争取自己想要的东西，最后无论得到还是失去，你内心的平安都在。

　　我学会的另一个重要的功课就是：你看别人不顺眼的地方，都是自己的问题，没有例外。

　　秉持自我负责的态度，我不断修正自己的内心，现在我看不顺眼的人就越来越少了。即使有，我也知道，解决的方案在我自己，那份了然和笃定，不会让我着急地想要去控制外境，自然内心的平安就越来越稳定了。

　　希望更多的朋友加入自我负责的行列，早日找到自己内在永恒的幸福和平静。

06

把自己看懂了，
这世界就是你的

你时时刻刻都在为自己以前的行为买单？

面对生命中发生的事情，我们每个人都有不同的应对策略。应对策略是否明智，决定了我们这一生是否快乐、富足、平静。

所以，在做每个决定之前，面对不同的人、事、物时，我们的反应（回应方式）就非常非常重要。

最近听到一个故事：

一个母亲，因为老公外遇，伤心欲绝。她应对的方式不仅是离婚，并且开始疏远他们唯一的儿子，最后甚至不想看到这个儿子，把他送到了国外读书。

孩子年纪小，被寄养在外国人家里，母亲每月付钱。这个母亲非常有钱，但是极其节俭，所以她常常"忘记"寄钱给房东，房东就把冰箱上锁，不让孩子随意吃东西。

这个母亲选择的应对方式是非常伤人又伤自己的。有些母亲可能会做出相反的选择：与儿子相依为命，变得更加亲密。

而这个母亲对待金钱的态度，也非常无意识。她明明很有钱，但其内在非常匮乏，所以视钱如命。

这个孩子在被父母双方都抛弃的情况下，也放弃了自己。有一次和同学夹带毒品回国，被发现了，遭到通缉。他逃出国，从此不能回乡。

在这种情况下，这个母亲当然不会快乐舒服，她自己的种种选择种下了让自己不快乐的"因"，所以尝到了"果"——她身患癌症，很快病危，临死之前都看不到自己唯一的儿子。

而她的亲人在她死后才发现，她非常非常富有，但是平时和亲属来往她却从来不掏腰包，大家还以为她经济非常拮据。

有一句话说"菩萨惧因，众生畏果"，说的就是：我们其实每天都在轮回中——受到自己以前种种行为的影响（"因"），继而在生命中不断品尝自己种下的"果"，如此循环，屡试不爽。

所以我们必须知道，我们时时刻刻都在为自己以前的行为买单，因此，三思而后行真的非常重要。

把自己看懂了，这世界就是你的

我们所有的行为，背后的驱动力都是想法和情绪，这两者互为因果。

那个因为老公外遇而讨厌儿子的母亲，脑袋里有一个想法：我老公让我受苦，我恨他，这个儿子是从他而来的，所以我也讨厌儿子。

同时，因为她情绪上受不了被抛弃、背叛的痛苦，所以需要用愤怒、仇恨来化解自己的痛，因此，孩子就成了代罪羔羊。

然而虐待、忽视自己的家人，表面上看消解了一些仇恨，其实她自己心里还是痛苦的。最后孩子也犯了错，更加让自己痛苦。

做母亲的，内心不可能不爱自己的孩子，只是仇恨之心盖过了母爱，因此造成了她内在的分裂。生而为人，我们内心所有的痛苦都来自内在的分裂，没有例外。

所以我说过一句话：把你自己看懂了，这个世界就是你的。

问题是，大部分的人都像机械人一样，没有回看自己的能力，就像上面说的那个母亲，她完全不知道自己的愤怒、委屈、痛苦，是可以有更好的方式来解决和面对的。

只要愿意回头看自己，知道自己内在被抛弃的痛苦，其实来自童年被父母抛弃的痛，她就不会脆弱到那么难以承受的地步。

如果童年非常幸福快乐，没有被抛弃之痛，即使在婚姻中遭受了背叛，她的反应也不会如此之大。

如果能有一丝丝的意识和正知正见，她会知道，疏远孩子是消解自己内心仇恨最不明智的方法之一。

而那些有钱舍不得花、对自己和家人刻薄的人，也需要去面对自己内心的匮乏，而不是顺着自己机械性运转的惯性继续生活。

把位置放正了，自己就舒服了

在生活中常常会看到这样的例子，但是我已经学会不去干涉对方了。因为你叫不醒一个装睡的人，这些人知道自己有问题，但是他们就是不愿意去面对，你作为一个旁观者，即使是夫妻、兄弟、子女，也无法干预。

我们只能在他们想要得到帮助的时候，伸手去帮一把。你如果看不惯他们，说明问题也在你自己身上。把自己弄顺了，看懂了，外境是不会找你麻烦的。

我真的看到一个人绝大多数的烦恼都是自找的——都是自己内在已经不快乐了，就在外面的世界找一个相对应的人、事、物，去"挂上"自己的烦恼。

如果你决心要快乐，不计任何代价，那么：

第一个可以丢掉的就是面子——不在意别人眼中的自己是什么样，因为你最清楚自己是谁，不需要其他人来定义你。当然，透过个人成长，你会越来越清楚自己是谁、什么是对你有利的、什么是有害的。

第二个你要放掉的就是控制他人的欲望——我们总希望这个世界按照我们想要的方式运转，别人按照我们想要的方式做事、与我们互动。这想法太狂妄自大了。

　　然而，还有一种隐晦的狂妄自大就是第三个我们需要放掉的东西——对号入座的习惯。

　　很多人习惯性感到羞愧、内疚，觉得当初如果我们没有那么做，或是做了什么，事情就会有所不同。检讨自己的错误是可以的，但是去承担所有事情的后果并因此感到愧疚，就是自以为可以替代上帝了。

　　很多离婚的妈妈或爸爸，对孩子一直感到愧疚，因而使用一些不当的补偿行为来消弭自己内心的不舒服感，那些补偿行为反而滋长了更多的麻烦，并且把孩子放在不对的位置上。

　　我们可以检讨自己当初贸然离婚的不当，但是不需要用过度补偿的行为去消除自己的罪恶感。孩子是一个独立的生命，他有自己的灵魂旅程，父母离婚很可能就是他既定的灵魂课题，我们自以为是地承担罪咎，对孩子来说，其实是二度伤害。

　　也有些人因为亲属骤然离世，承受不了失去亲人的痛苦，就会自责，觉得当初如果自己做了什么或没做什么就可以改变一个人的"死期"。然而我们都知道，生死有命，这绝对不是我们能干预的，何不放过自己，臣服于命运，以慰死者在天之灵。

　　所以，把自己的位置放正，让自己舒服，是最重要的。周围其他人，都会因为你的"正位"而各就其位，中中正正地做自己。

　　而想要为自己造良"果"，就要从谨慎每个决定和选择的"因"着手。如是……

我们所有的痛苦和纠结都来自无法和自己和解，
不能接受真正的自己。

你永远无法成为想要的那个自己，
但是，做真实的自己总是比较舒服的。

PART

2

你情绪里的刺，
是小时候藏起来的委屈

~

01

当你有力量选择真实，才有勇气面对自己

选择真实的勇气，不是别人给予的

电影《无问西东》是一部非常好看的片子，里面有很多金句广为流传，其中令人印象深刻的一句是："你怪她没有对你真实，你给她对你真实的力量了吗？"

这句话乍听很有道理，我可以想象当面对我的孩子，它是非常适切的。

我对孩子小时候的生活作息要求很严格，鉴于自己肠胃不好，小时候排便不正常，我要求孩子每天早上一定要上大号。我们出去度假的一天，女儿骗我说她早上已经上了大号，要出去玩。我发现真相后非常震惊，我感觉我在逼孩子对我说谎。

是的，我的种种严格要求和限制，的确会让孩子对我不真实，因为我没有给予她对我真实的力量和权利。所以为人父母真的要想一想，我们是不是在逼孩子说谎、不真实。

不过话又说回来，是否有勇气真实，有时候也是天生的，这种勇气和力量，别人给予不来。

就拿我的两个孩子来说，儿子跟我一样，脸上藏不住事，如果不真实，会很痛苦，所以他格外真实，什么事都会第一时间告诉我。当然，前提是他知道，无论发生什么事，妈妈最关心的是他的状况，没有其他。

2017 年，他和同学去老挝当志愿者，发生了车祸，他第一时间打电话给我，我没有抓狂，只是冷静地问他怎么样，有没有受伤。接下来就是关心他的心理状态，没有把任何负面情绪加诸他身上，只有关怀和支持。

别的家长可能心急如焚，自己加戏，演出一段心慌、意乱、担心、谴责的戏码。我不会。我让儿子感觉非常舒服，只愿意和我分享心事。不过我的女儿就不同了，她个性温和但略内向，比较像爸爸。青少年时期，她常常对我说谎，后来我彻底改变态度，她也就真实多了。

然而最近我发现，她下课的时候会去餐厅打工，而且不想告诉我。原因是怕我认为去餐厅打工是很无聊的工作，她应该去做一些比较有意义的事情，而不是纯粹为了赚钱去做事。去餐厅打工她是跟同学一起去的，比较好玩，她没有告诉我。哥哥知道了跟我告密，我才不经意地在她面前提起，没有露出一丝不高兴的神色。

我的态度让儿女都和我非常亲近，但是我知道女儿真的不像儿子一样什么事情都告诉我，这和一个人的个性有很大的关系。

然而这句"你怪她没有对你真实，你给她对你真实的力量了吗？"，我还是觉得有可商议之处。因为，它可能会成为受害者的一个借口。

当你有力量选择真实，才有勇气面对自己

于是我在微博上发了这一段话，测试大家的反应：

"你怪我没有对你真实，你给我对你真实的力量了吗？"如果是你的男人睡了别的女人被你发现了，拿这句话来怼你，你会如何回应？

网友们的回答千奇百怪，有的很搞笑：

"那被你睡的女人给你力量了吗？"

"你也没给我真实的力量，我们都犯了一样的错误，一直不知道如何坦白真实！"

"力量需要我给？你背叛我的时候，怎么不需要我给你力量？"

"这种真实的力量都需要别人给你，你这是渣到爆了还是弱到爆了？"

"真实是对彼此的尊重，力量从来都不是对方给的，是自己对这份爱的坚定、包容……"

的确，如果这句话用得不对，就会成为受害者拿来当借口或使

如果你能够感受到你和自己的灵魂、自己的核
心本质有非常深的连接的话，没有人能够伤害到你。

坏的工具。真实地面对自己，有时候是不容易做到的。

所以我非常喜欢《灵性炼金术》的作者帕梅拉几年前在上海工作坊说的一段话："人生最大的痛，不是被其他人拒绝，而是对自己不真实。如果你能够感受到你和自己的灵魂、自己的核心本质有非常深的连接的话，没有人能够伤害到你。人生最大的满足和最大的喜悦不是来自其他人的认同和接受，而是来自能够勇敢地做自己，勇于成为自己。"

其实我觉得，我们所有的痛苦和纠结都来自无法和自己和解，不能接受真正的自己。

前阵子一个闺密语重心长地告诉我，她小时候最怕成为一个平庸的人。

"现在呢？"我问。

"年过半百，我现在这个样子，就是很平庸了啊！"她说，带着微笑。

她选择了与自己和解，接受现状，所以能够安然地退休，享受田园生活。

也许，你永远无法成为想要的那个自己，但是，做真实的自己总是比较舒服的。有些人离自己非常遥远，因为，他想要别人看到的样子，和他真实的样子是有很大差距的。

因此，无论真相如何，他总是要摆出自己理想中的样子给别人看，最终完全扭曲了自己的本性，也付出了巨大的代价——整个人越来越假，因为盔甲和装饰品越来越厚、越多，连他自己都找不到自己了。

那个真正的自己，已经消失在各种幻想和谎言之中。

所以莎士比亚在《哈姆雷特》的第一幕中，波洛涅斯对他儿子雷欧提斯的一句忠告就是："尤其要紧的，你必须对自己忠实；正像有了白昼才有黑夜一样，对自己忠实，才不会对别人欺诈。"

真实，是人生最重要的品质之一，这个力量不是来自任何人的给予，而是来自我们的勇气——面对自己阴暗面的勇气和诚实。

02

你情绪里的刺，
是小时候藏起来的委屈

如果你看不到自己的错误，就无法成长

2018 年之前，我有三段比较亲密的关系终结了——不全是爱人关系，还有朋友关系、工作伙伴关系。然而这三个人带给我的感受竟然非常相似。

不！不！不！他们当然是三个截然不同的人，但是因为这些关系的戏码都是我自编自导自演的，而我对亲密关系的创伤模式是一样的，所以我所连带引出的他们身上的一些特质也是相同的，而我跟他们碰撞之后，产生的感受，也几乎是一样的。

我越来越觉得，如果我们不能为发生在我们身上的事情负起全责，我们就不能在生活中前进，也无法成长。

2018 年我上了 PoV（Psychology of Vision，愿景心理学）两位日本老师栗原英彰和栗原弘美的课程。课上老师说，在人生中（也适用于亲友关系、婚姻关系、工作等），如果你看不到自己做错的地方，你就无法进步。

所以，每当我们遇到不愉快的事情时，即使对方的确是一个非常离谱的人，我们也有需要负担的责任。就是这样不断地检讨、改进自己，我们才有进步的空间，才能真正成长。

然而，大部分的人不愿去承认自己的错误，因为承认错误不仅导致我们小我（面子、自尊心）受损，而且可能还要承担我们不想面对的事实，比如，自己不够好，不值得拥有。我常说，苦都受了，如果不能因此学习、改变，让自己变得更加自由、解脱，那苦都白吃了。

所以，对于这三段关系的结束，我是做了很深刻的自省工作的。为了保护这些人的隐私，我无法详细描述他们引发的我的痛苦和情绪具体是什么，我只能说，那几乎是一样的感受，而且是一种熟悉的感受，我从小就是在这个感受中长大的。

051

小时候缺爱的孩子，长大后会怎样？

在 PoV 课程中，老师用一些练习带出了我们内在压抑的情绪，我一直以为我自己的情绪是流动的，没想到还是压抑了很多情绪，原来从童年就开始了。

小时候，当照顾我们的人（父母或长辈）让我们期望落空的时候，我们通常会做一些重要的决定，这些决定可能是：我再也不要感受到这种感觉了，为了达到这个目的，我必须做出一个相应的行为，来保护自己。

所以，五花八门的防御机制就被我们建立起来了：

决定：我做什么都会受到责罚，那么，从此以后，我做事都要被动，并且小心翼翼。

感受：动辄得咎，我总会犯错。

决定：父母让我失望，那么，我从此再也不要相信别人，要始终怀疑别人的承诺。

感受：被背叛、辜负。

决定：父母吵架、打架，让我惊恐不已，我决定以后不跟任何人起冲突，我要隐藏自己，避免冲突。

感受：我的真实想法是宁可受委屈、憋着，就是不能说出来。

决定：爸爸或妈妈无故责备、体罚我，我决定把对他们的感情冻结起来，爱恨一起打包放入心中的冰箱里。

感受：没有人理解我，他们如果看到真正的我，也会不喜欢我，所以我不能太向别人敞开心扉，因为他们会伤害我。

决定：爸爸或妈妈剥夺了我应有的一些权利，我决定，不让任何人再侵占我的利益或剥夺我的权益。

感受：别人都是来剥削我、占我便宜的。

决定：爸爸或妈妈太难取悦了，我感觉不到他们的爱，所以我必须让自己有用，并且做很多事情，才能换取他们的爱。

感受：别人不会爱我的本来样貌，所以我必须用付出来交换爱。

就这样，我们小时候对这个世界的种种误解，让我们建立了自己在关系中的态度。为什么是误解？其实每一个孩子都有自己的独特性和可爱的地方，父母没能让孩子感受到被欣赏和被爱，所以孩子就会误认为是自己不够好。

而事实是：有些父母根本没有能力给出爱，他们自顾不暇，智慧不够，意识层次比较低，根本不懂得怎么爱孩子。

053

我们带着这样的创伤长大，心中有一个（或几个）"坏人"，首先觉得自己不够好，然后就是父母不好，亏待了我们。所以，几乎每个孩子都对父母有着他们没有意识到或是不敢承认的怨气。

这股怨气尾随着我们，进入亲密关系中，因为亲密关系是我们需要敞开心扉和最亲近的关系，所以，我们常常把这股怨气投射在亲密关系里，把对方变成我们心目中的那个"坏人"。我就常常被亲密的孩子投射成"坏妈妈"，对我有着不成比例的怨恨，浑然忘了我曾经为他们付出了多少。当然，我在关系中，总是以大量的付出来换取爱，而对方显然不会让我失望，一定会变成我心目中的白眼狼——享受了我那么多的好处，还是不懂得珍惜，反而辜负我。

最好玩的是，**因为带着这样的创伤和感受，我们在亲密关系中，往往会不自觉地创造、复制和父母之间的关系模式，浑然不觉对方只是个替代品、牺牲者和情感投射板。**

最真实的你，都藏在压抑的情绪里

怎么办呢？

每当生活中有人触动我们的负面感受和情绪时，我们可以先放下对那个人的批判和声讨，甚至把那个人完全置身于你的感受、思维、情绪之外，只是去好好感受自己的情绪。

一开始，你当然可以分析它，看看它是小时候哪一个与父母互动的模式产生的感受，试着去拥抱它。因为我们常做的事就是推开这个让我们不舒服的情绪，最好丢在别人身上，让别人为我们承担。

当你能够把与这个情绪相关的人、事、物暂时放在一旁不去理会，而只是静静地一个人看着它、守候着它、与它在一起的时候，它就能全然地表达自己。

　　想哭就哭，想叫就叫，想打枕头就打，用呼吸在身体某个部分释放它（胸腔、腹部、肩膀），让它不与任何其他人、事、物牵缠，自然流动，它就自由了、释放了。日后它再出现的时候，你就不会再害怕它、压抑它、转移它、躲避它了。

　　比如，有人一直强迫你做不想做的事，出于礼貌、责任、面子，你无法拒绝，因为你受不了拒绝对方之后，心中那个不舒服的感觉（多半是自责）。试试看，准备好接受那种自责的感受，下次对方再提出同样要求的时候，你就勇敢地拒绝一次，然后和自己最不想面对的愧疚情绪待在一起，看它会把你怎么样。

　　试一次吧。第一次的时候可能感觉自己要死掉了。但是，如果你不想这辈子都在逃避这些情绪，把关系、生活、工作都搞砸，自己也不快乐，那么就勇敢地去尝试并练习吧。

　　海灵格大师说："受苦比解决问题来得容易。"所以，对很多人来说，要等到受苦受够的时候，才能去做。

　　没关系，自由、解脱、喜悦、自在，永远在这里等着你，我们一起加油！

055

03

为什么孩子
会继承父母的伤痛？

孩子，为什么会继承父母的伤痛

　　根据我多年的观察，几乎每一个人此刻生命中面临的问题，都和原生家庭的创伤有关。

　　当然，每个人的体质、性格、看待事物的方式，综合起来也决定了原生家庭对我们会造成什么影响，影响又有多大。

　　首先，最常见的问题，就是**孩子会继承父母能量上、情绪上的伤痛。这也是发生在我自己身上的例子。**

　　我母亲命运多舛，很小就失去了她的妈妈，离开亲人到台湾，一直过着比较卑微的日子。有了我以后，她非常爱我，但是自己很不快乐。我在她身边，看着她自怨自艾、愁眉不展，幼小而敏感的我，完全能够体会她的痛苦。

我去广州上一个生命全息疗愈的课程，老师杨珑就剖析说：

每个孩子其实都是非常以自我为中心而且自大的，完全没有人生阅历，还不知天高地厚。

看到父母痛苦，就会暗下一个决心："妈妈，你别痛了，我来帮你承担痛苦吧！"

杨珑老师在课堂上叫人拿了个大行李箱来，告诉我们这个箱子有一百公斤重，我们根本抬不起来。但是年幼的我们，竟然以为自己可以承担，所以，终其一生，我们都背负着这样一个重担。

要么就是自己有挥之不去的痛苦（因为那本来就不是我们的），要么就是总要去解决别人的痛苦，不惜牺牲自己；或是最典型的——把爸爸妈妈扛在肩膀上，觉得好累，怎么样也摆脱不了，因为无论如何，你就是取悦不了他们。

057

学会把伤痛的包袱还给父母

怎么办呢？杨珑老师的建议是让我们每天晚上静坐十五分钟，想象那个大箱子就在我们身边，然后想象爸爸或妈妈就坐在我们对面，并且默想：

"爸爸、妈妈，对不起，我拿取了你的伤痛，我太狂妄自大了。这件事让我有很多困惑、伤痛和愤怒，但我是为了爱才做这件事的。请你原谅我，我以为我有能力这么做，其实我根本不懂父母之间的议题，也不懂什么是生命。"

然后试着把自己逐渐变小，四肢、心、脊椎变柔软，当我们把自己变回一个孩子的时候，谦卑地说：

"对不起，我太傲慢了。现在我把这个箱子还给你，它太重了，而且根本不是我的。"

想象你把这个箱子还给等待已久的妈妈或爸爸，其实，他们一点也不想要你为他们背负这样的重担，他们一直都在等你把这个沉痛的负担还给他们（在灵魂层面）。

杨珑老师说，在没有人生经验的情况下，孩子根本不懂这样做的后果。

很多孩子觉得母亲根本不关注自己，其实是因为母亲自己在痛苦中，她在能量层面与你隔绝，好保护你，免得你被牵扯进来。

很多人不愿意放弃这个伤痛的包袱，因为会觉得自己不重要了、没有价值了。

但是，当我们把这个沉重的负担还回去以后，不但不会加重父母自己的伤痛和负担，反而会让自己从这个重担中解脱，宇宙会给我们好多恩典和祝福。而你自己，也可以用最好的状态去和父母互动，在他们面前展现出喜悦、自在，让他们舒服安适。

与父母断奶的最高境界：不需要父母快乐

其实，当我们承接这个重担包袱的时候，我们就与父母隔离了，因为有这个伤痛的包袱挡在中间，我们看不见真正的他们，双方的能量是隔绝的。所以我常说：

做父母的功课，第一步是要做到，不追求父母的认可和赞赏。

要清楚地认识到，也许这辈子他们都不会认可我们，何必去要求人家给我们他给不出来的东西呢？学习放弃自己的这个惯性需求，认清它根本就不是我们生命的必需品，只是奢侈品而已。

第二步就是要做到，不期盼父母的爱。

我们都是成年人了，需要做的是去学习爱自己，做自己最好的后盾和靠山，这样才能够认清一个铁一般的事实：现在的我们，即使没有父母的爱，也可以过得很好。

小时候的我们，无能为力，父母就是天，他们的爱对我们来说非常重要。但是此刻的我们，如果能学会自己爱自己，那么就天下无敌了。

059

而与父母和解，断奶，"离婚"成功的最高境界，就是不需要父母快乐。

这并不是说我们不在乎他们快乐与否，而是，我们知道他们快乐与否不是我们能控制的，也不是我们的责任——可能我们只是习惯性地想要讨好他们，并没有真正地做自己。

像我个人就是尽我所能地想让父母高兴、快乐，但是，当我尽力做好一切，他们还是不满意的时候——

对不起，请你们把挑剔、苛刻、不知足留给自己吧。

我不接受你用不高兴的臭脸或是感情勒索来绑架我，我不吃这一套。

几乎每一个人此刻生命中面临的问题，都和原生家庭的创伤有关。

　　每个人的体质、性格、看待事物的方式，综合起来也决定了原生家庭对我们会造成什么影响，影响又有多大。

用温和的方式摆出这种态度，一段时间之后，父母自然知道：他的喜怒哀乐控制不了你了，感情勒索不到你了，他们自己也会成长，知道该用最有利于双方的态度来面对你。

所以，那些抛不开父母爱恨情仇的成年儿童，可能需要好好做这个冥想练习，想象你把这个沉重的伤痛包袱还给父母，然后学习不寻求父母的认可和赞赏，不要求父母爱自己，最后，放下背负着的让父母快乐的责任，最终，我们要让自己过得快乐。

04

什么样的父母
会造成孩子的"被剥夺创伤"?

为什么总是有人觉得自己"被辜负"了?

有一个周末,我录"时空心灵学院"的视频课。我虽然以前当过电视新闻主播,可是对着冰冷的镜头说话一直都不是我喜欢的,否则就不用离开主播台了。

所以,我还是按照惯例找了一些现场的观众,请他们过来帮我烘托一下能量场,让我有灵感、有动力讲课。因为想过滤一下来的人,我们也是按照惯例收费。

结果因为同事的疏失,没有告诉大家是录制"时空心灵学院"的课程,有一些学员也报名来参加了。当然很多人的第一反应就是,这堂课他们其实可以看录像的,不需要另外花钱来现场。也有些人觉得，到现场看德芬，就像我想看到活的学员在我面前一样，活着的、有温度的德芬，还是能给他们一些不一样的感受。

然而有一位学员就觉得吃亏了，不但写信到我的微博投诉抱怨，还在群里要求退费。我们做出了合适的回应，好让她情绪能够平复，毕竟也是我们没有说清楚。

不过我看她的语境，就知道她是一位童年"被剥夺创伤"的受害者，所以我特意来谈谈"被剥夺创伤"的话题。

什么样的父母会造成孩子的"被剥夺创伤"？

首先就是，不公平对待孩子的父母。

餐桌上只有一块肉，不会分成两块，就把一整块给一个孩子吃，无视另一个孩子的感受。还有就是言而无信的父母，答应孩子要做什么，但是食言了，同时忽略孩子的感受，不解释、不弥补，孩子老觉得自己被辜负了，是父母"欠了他的"。

另外，就是不在意孩子感受的父母，什么事情都是恣意妄为，不考虑孩子的感受，孩子就会觉得，他心里依赖的父母是"不可靠的、会辜负他的"。

孩子长大以后，带着这种创伤，严重的时候就会觉得"全世界都欠他的""所有人都在占他的便宜"。

我觉得这类人最大的问题就在于"无法正面地看待自己的遭遇"，容易养成受害者心态。正因为老觉得自己被剥夺，眼睛只看到别人

063

对不起他的部分，因此他们也缺乏一个让人心态平衡、愉快、会带来福报的最重要的特质——感恩！

你生命中真正拥有的，比你失去的更重要

就像上面那个学员，她写信给我的时候，埋怨我只对着镜头说话，忽视了在场群众（小时候被忽视的创伤发作）。

我是一个专业的播音员，我演讲的时候觉知力也非常高，专注度是 100% 的，我当时看镜头的次数真的不多，一直在和现场的人交流。

我有一位外国朋友，当时在现场看我演讲，旁边有人翻译，因为他不懂中文。结束之后他跟我说："德芬，你演讲的时候真的给出好多，我都可以感受到你慈悲能量的流露，你给的太多了。"

我的给出，不可能是给镜头的，一定是有"活体"在现场，我才能给，这是我需要现场观众的原因。但是这名学员接收不到（不懂中文的老外反而接收到了），因为她关注的焦点在于"我被辜负了，吃亏了"。

我们的课程只有一个小时，我讲了一个小时四十分钟，还回答了三个问题，最后我们全体还合了影，但是她也看不见这些额外的好处。我的现场演讲次数不多，大部分时候都有好几百名观众，像这种小规模（不到一百人）的演讲是比较特殊难得的，当然她也不会珍惜这个机会，因为她满脑子都是"被占便宜了"。

事后，我和同事讨论这件事情，我就提到了"被剥夺创伤"这个概念。同事说，她自己好像也会有。我笑着说，我也有，谁小时候没被父母辜负过？我最近其实刚好就在看自己的"被剥削"感。

我发现，我一直觉得"不公平的待遇"是不可以被接受的，而且发生在我身上的事一定要是好的，不能是倒霉的、吃亏的、活该的。

但是这两年来，尤其最近几个月，我在学习臣服的功课，就看到自己活生生地被辜负了，被利用了，被占便宜了，但我心知肚明地坦然接受，并且放下。

不过这名学员的表现让我再度回观自己、提醒自己，要感恩珍惜自己拥有的，对于不公平的事情，我们当然可以据理力争，但是要看到自己是不是"被剥夺创伤"发作，因此看不到自己生命中值得我们去珍惜、感恩的部分，这真的是和我们是否拥有一个快乐、满足的生活有极大的关系。

065

每个人都可以创造出自己想要的生活

所谓"据理力争"，就是理性地告知对方我觉得权益受损了。但是背后没有那么多"被辜负"的感受和能量，不会像一个缺奶吃的孩子那样去吵闹、抱怨，而是真正地"据理"而争。

外在的行为看起来可能是一样的，但是我们自己心里清楚，有没有"被剥夺创伤"发作的动力在后面。

如果有的话，就要先安抚自己内在的痛苦，把创伤平复了，再去争取权益。这样一来，不但让对方比较舒服，解决问题也会比较有效率，自我感觉也会比较好。

感恩这个特质实在是太重要了。

我有一个朋友大中，挺有才华的，但是他性格孤傲，自以为是，晚年过得很不好。最近和另一个朋友谈到他，这个朋友说，他帮大中介绍了很多客户，大中从来没有说谢谢，一句都没有。

我听了就偷笑，因为大中也是这样对待我的。甚至在我帮他介绍其他客户的场合，当场对我说一些不专业、不礼貌的话。大中就是一个把自己生命的福气往外推的人，也难怪晚景堪虑。

亲爱的，我们目光的焦点放在哪里真的很重要。就像我在怀孕期间就看到满街都是孕妇，现在却一个都看不到一样。

我们关注的领域、注意力所在的地方，真的会影响我们看待这个世界的角度，进而吸引来与我们关注的东西同性质的人、事、物——这是吸引力法则非常明显的一个实证。

愿你创造出自己想要的生活，而你的关注点 / 注意力就是创造的工具！

05

孩子问"我输了怎么办？"，父母的回答影响孩子一生

"yes 父母"，教出以自我为中心的孩子

两对是好友的夫妻来我家吃饭，其中一对带了他们的孩子。

这个妈妈基本上没有请保姆，因为都"看不上"，所以这个目前不到两岁的孩子（狗都怕的年龄），弄得她暴瘦，而且精疲力竭。

这位伟大的妈妈因为小时候没能得到自己想要的爱和照顾，所以，现在对孩子是完全不说"不"的教育方式。

这对"yes 父母"，尽心尽力给出他们的爱，令人感动，但是这样对孩子真的是最好的吗？

对孩子的行为完全没有干预，孩子其实会觉得非常迷茫和迷失，而且，长大后会比较倾向于以自我为中心。

怎么能不以自我为中心？她三岁以前（取决于父母何时送她去上学），完全就是世界的中心呀，就是一个自恋的"巨婴"，全世界都得听她的、围着她转。

这个孩子现在不会说话，每次稍有不顺心，就张嘴哇哇大哭，而且多半是假哭，只是为了威胁父母、得偿所愿。这样，她学会了以感受来控制别人。

我心中只盼望这个孩子能早点上学，和其他孩子多互动，学习人与人之间的交往和关系，学会考虑他人的感受，而不是用自己的行为和感受去控制别人。

毕竟，这个真实的世界，不会只是单一性质地像她父母对她那样永远包容和付出。

孩子最需要的，是"最好版本的自己"的父母

我个人的意见是：孩子在不懂事的时候，比如在襁褓中，应该完全应他的需求，要吃就吃，要睡就睡，要抱就抱，绝不勉强、拒绝他。

但当孩子已经懂得察言观色，能够理解大人意思的时候，就到了要教导孩子礼貌和界限的时候。

有一个非常非常重要的原则，就是：*每次拒绝孩子的要求之前，一定要先说出、理解他的要求和背后的情绪。*

比如，孩子要到外面玩，但是已经晚了，考虑温度、安全和作息等问题，你不想带他去，他可能立马以大哭来抗议。这时，你就

教导孩子如何务实地去面对现实，不妄自菲薄，也不妄自尊大，脚踏实地地去做自己想要做的事。

要先说出他的需求：

"宝宝想出去玩，现在就想出去玩，可是太阳公公已经回家了，我们也不出去了。宝宝很伤心，因为他真的很想玩。那这样，明天我们找一个特别好玩的地方去玩，而且跟太阳公公说抱歉，好吗？"

最好的方法是说出他的需求，理解他的情绪，提出一个"听起来"很好玩、新鲜的建议（转移孩子的情绪，同时也是给他台阶下，哈哈，小孩子有时候也需要面子）。

现在很多做父母的，竭尽所能讨好孩子，可是孩子最需要的，真的是"最好版本的自己"的父母，而不是为了自己的某些教育原则，某些固有、僵化的想法，无法真正快乐自在的父母。

我见过一个儿童教育专家，他有一个孩子，他用一种非常执着的教育方式带孩子，自己累得半死，都不敢生二胎了。

他可能从自己执着的教育方式中得到了身份认同（毕竟有一群人追着他学习），至于孩子需不需要兄弟姐妹，自己这么辛苦能不能给到孩子最好的自己，那不是他在意的点。

我也认识一对夫妻，两个小孩五六岁了，不让他们去上学，任他们为所欲为，所以两个孩子非常野，无法无天，说白了，就是欠缺家教。

并且他们两个人从来没有假手他人照顾过孩子，也就是说，这些年来，他们其中有一个人始终在看孩子。可想而知，这对夫妻的感情是冰点，从来没有高质量的相处时间。但是他们为了孩子，不离婚，这样真的好吗？

像前面提到的那一对"yes 父母"，就是执着在选择阿姨、放不下心等事上，无法给孩子一对放松的、自在的父母。在我家吃饭的时候，妈妈从头到尾没有放松过，眼睛始终盯着孩子，这样的爱，也是种负担吧。

为了童年匮乏的自己，毫无原则地弥补孩子，这对孩子未必是好事。对孩子这样执着，在孩子身上寻找价值感，最后会变成依赖孩子对他们的依赖。

所谓的霸道女、妈宝男，就是这样产生的吧！

如何教导孩子务实地面对现实

还有些父母，没头没脑地天天给孩子当加油队，孩子就是最棒、最好的，这也是在残害孩子。（是的！）

这孩子长大以后，会特别讨厌挫败、挫折、打击，容易罹患抑郁症。别人不理解，还会觉得：你父母对你都这么好、这么支持你了，你怎么会得抑郁症呢？

其实，那些满口赞美、不断捧高孩子的父母，就是在告诉孩子：你不可以输，不可以平庸，也不可以比别人差。

在这种环境下长大的孩子，也着实可怜，压力得有多大啊！

那么，我们就不赞美孩子了吗？孩子成绩好、钢琴弹得好、体育运动出色，不能赞美他？当然需要赞美，否则你又跑到另一个极端——"孩子永远不够好的父母"——那里去了。

怎样适度地赞美孩子呢？你可以和他一同享受成功的喜悦和优

秀的成果，但是，要赞美的是他努力付出的过程，而不是赞美他的天赋、表现。

让他的认知焦点放在"我是有不错的天赋，但是练习、努力和机运更重要"上，非常实在地让孩子了解自己所处的位置，不会对自己有不切实际的期望和幻想。

从《心态致胜：全新成功心理学》这本书里，我也看到一个很棒的故事。

九岁的小伊参加她喜欢的体操比赛，几个项目都表现不错，但是其他参赛者也非常有实力，最后总决赛的时候，小伊没有赢得任何奖牌。如果你是小伊的父母，你会怎么做？

1. 告诉她，你认为她是表现最好的一个。

2. 告诉她，她被夺走了理当赢得的奖牌。

3. 告诉她，体操其实不是那么重要。

4. 告诉她，她有能力，下次再接再厉就可以胜出。

5. 告诉她，她的表现确实没有资格胜出。

孩子挫败了，一定觉得难受，她的情绪是需要你去认同、抚慰的，但是，用不适当的言语去处置，可能从长期效应来说，是有害的。

选1，其实你在说谎，对孩子没有任何帮助。

选2，这是归咎于其他人，这个习惯可千万别让孩子养成。孩子需要自我负责，她的表现不错，但不足以赢得奖牌是事实，不能让孩子养成把自己的不足归咎于他人的习惯。

选3，这是在教导她，当她没有立即把一件事情做好时，就贬低这件事，或是放弃，你觉得这对孩子的心理健康有帮助吗？

选4，这是最可怕的一种回应。你在鼓励她做超出自己能力范围的事，高估自己，对自己有不切实际的期望和幻想，终其一生，她都会在和这个期望较劲、奋斗。

你想让孩子这样吗？除非你自己就是需要孩子出人头地为你争光，这样是不是太自私了？

选5，似乎这样说有点残酷，但是你可以委婉一点表达。

正确的回应方式是：

"亲爱的，我知道你的感受，你抱了很大的希望，付出了那么多的努力，又做出了最佳的表现，但没能得奖，当然会非常失望。但你知道吗，你其实还没到可以得奖的火候，还有很多其他人训练的时间比你长，先天条件也可能比你好，远比你还努力。如果这是你非常喜欢的事，就尽力去做，享受这个过程，你可以再多努力一些，但是不用执着在结果上。"

意思就是，如果是为了兴趣，胜负就不重要；如果想要得奖，那么，她需要更加努力。

这是在教导孩子如何务实地去面对现实，不妄自菲薄，也不妄自尊大，脚踏实地地去做自己想要做的事。

最后，小伊尽更大的努力，在下一次的比赛中拿了多枚奖牌。最重要的是，她的心理素质获得了提升。

你真的爱你的孩子吗？

还是只把他当成为你自己加分的工具？

或是把你的恐惧投射在他身上给他增加心理负担？

做个明智的父母吧！

06

父母只有两种，
一种是充电宝，另一种是……

付出，就该有回报吗？

一次见面会中，一位读者举手发问：

"我儿子今年二十六岁了，我每天做饭给他吃，还在财务上支持他，结果，他每天回家看到我就躲进房间，不想跟我说话，把我当瘟神似的……"

在场有人忍不住笑了起来。

我考虑了一下，希望用最不伤人的方式让这位妈妈看到问题的症结所在，但是，我是不会任由发问的人停留在受害者的心态而不去指正的。

我首先笑着问："在场的朋友中，是不是有些人的老公看起来也是把你当瘟神啊？你为这个家付出这么多，他每次看到你都好像有些避之唯恐不及。"

我继续说："当我们真心诚意付出的时候，往往没有看到自己的付出后面是带着钩子的，最可怕的就是，付出了以后，觉得自己理所当然应该得到相应的回报。接收方其实可能不需要你付出那么多，或是，他就是自私地享受既得利益，并不想按照你想要的方式回报你。然而因为付出那么多却没能得到回报，你开始有了怨气，就会在言语、行动上表露出来，让对方觉得不舒服，所以只好躲避你。"

这位妈妈听了以后，当然没有太大的醒悟，毕竟"成长"这种事情，是随着个人的福报和慧根来看效果的。

孩子那么大了，她还把他当成小孩，剥夺他的行为能力（吃饭、挣钱），这个孩子享受既得利益，但是内心也是羞愧、不舒服的，加上妈妈每次见到他，肯定在能量上是非常需索的：

"你怎么不关心我呀？你又去哪里了？怎么都不跟我说你今天做了什么？什么时候你会坐下来好好跟我说话啊？你怎么看都不看我一眼啊？"

反正这样的需索能量，就是让人很不舒服。最终，孩子只能用"躲避"来面对自己的妈妈。

他内心肯定痛恨自己的"无能"，但是又真的不想或不能自力更生，只能活在这样矛盾的关系中。

可以不原谅，不必记恨

每当亲子关系有问题的时候，我总是认为，是家长教育的问题，解铃还须系铃人。

家长如果不能意识到自己的问题，只想借由外面的专家、老师甚至心理医生来改变自己的孩子，那么就是在逃避责任，不愿意成长改变。

然而这种"愿意付出的母亲"已经算是很不错的了，有些母亲，可能觉得孩子就是来报恩的，从小就各种剥削，从来没有善待过孩子。

我的一个朋友，从小就被母亲当劳工使唤，而弟弟就是被伺候的大老爷。

她被继父强暴了以后，告诉母亲，母亲竟然说："怎么可能有这种事？你嫌我烦心事不够多吗？还拿这种事来烦我！"

反正天下母亲无奇不有，这样自私、恶毒的母亲养出来的孩子，一定是很不快乐的。

攻击性弱的人，可能就会常年抑郁；嗔恨心重的人，就会在自己的各种人际关系中制造冲突戏码，好把自己多年来的怨气发泄出来。

无论如何，他们的生命品质都是会受到影响的。而且在某种层面上，我们认为，和亲生父母敌对，会造成自己和家族能量的隔绝。

而我们历代祖先传承下来的家族能量，里面肯定有许多美好的东西和来自挚爱亲人的祝福，如果怨恨父母的话，就无法承接到这些美好祝福的能量和礼物。

有些父母真的不值得原谅，但是无论他们有多坏，都不值得我们怨恨。毕竟怨恨是一把双刃剑，在伤害对方的同时，也会伤到我们自己。

我知道很多人跟父母之间苦大仇深，很难没有怨怼，但是可以试着在心里秉持着我说的话："可以不原谅，但是不需要记恨。"

怎样才能做到不记恨呢？这需要我们的谦卑和接纳。

如果你觉得父母就是欠了你的，那么很难没有怨气。觉得别人有负于我们，这是很正常的。如何化解，才至关重要。

认输、认赔、认错、认尿

如果你老觉得这个人对不起你，那个人亏欠了你，你如何能自在快乐呢？所以，我们需要在头脑层面，吸收一些对我们有益的知识。

比如，你愿意接受"宇宙有一笔公平账"的说法，父母对你不好，如果你不纠结怨怼，那么此生你可能会有好的婚姻和孝顺的子女。

某人对不起你，他不是有意的，也无法再伤害你，你是否可以心平气和地接纳这个损失？

我自己以前的个性是非常倔强、不服输、不愿意吃亏的。任何人侵犯了我的利益，我一定据理力争，要他加倍偿还。

后来开始个人成长，我立定志向，自己要的是快乐幸福，不是其他，于是我发现，我操练"认输、认赔、认错、认尿"是最能让我快速得到幸福快乐的捷径。

　　只有情感极度匮乏、自卑、空虚的人，才无法承担任何损失。而这个理论也可以反着来：因为你愿意承担损失，所以你的内在、外在都会越来越充盈。

　　因为能量的流动是自由的，它会往"空"的地方走。我们不愿意接受损失，去抗争、去责怪，就让我们有了防护罩的阻碍，好的能量就无法流向你。

　　所以，既然吃了亏，如果能够心平气和地接受，也许就有意想不到的好能量流进来，带来你真心想要的东西。

　　不过再次声明，我们对于"过往的损失"，要试着心平气和地去接受，并且看看自己应该负的责任，但这并不表示我们可以接受这样的损失一再发生。

　　就像和父母之间，小时候他们没能对我们好，很多人就是不甘损失，所以一直心怀怨恨。接受了这个损失，并不表示现阶段我还要继续接受他们的压榨。

　　在合理范围内，为了感谢你把我带到这个世界上来，我愿意为你付出一定的感恩。

　　但是如果你的要求还是很过分，影响了我此刻家庭的福祉，那么，很抱歉，我必须划清界限，无法让你再来索求、剥夺我。

　　面对父母，如果我们始终有想要讨好、获得认同、获得肯定、获得爱的需求，那么我们很难中正地做到保护自己的利益，并且合理地回报父母的养育之恩。

　　最后想和大家分享最近听到的暖心故事。

　　我朋友跟我形容她过世的父亲是她的"充电宝"，我听了觉

得这个形容非常具象——什么样的人会是我们的充电
宝呢？

　　首先就是双方之间一定是有爱的，其次对方一定是
不批判、无所求的。当你能够在爱中被一个人全然接受
和爱护，那么那个人肯定就是你的充电宝。

　　同样身为父母，有人是瘟神，有人是充电宝，这个
大千世界真是无奇不有啊，哈哈。

我们总是不由自主地在亲密关系中，

重现童年和亲密大人的互动模式，

如果模式健康、正常，那就没问题。

如果不健康，甚至病态，那么这个孩子长大以后，

就会不自觉地在亲密关系中，重复同样的模式。

PART

3

**为自己的情绪负责，
让所有关系回归爱与自由**

~

01

无论结婚还是单身，
幸福都不依赖别人

为什么越来越多的人，不想结婚了

现在不婚率越来越高，大部分都是女人不愿意结婚。她们是聪明的。

这个社会对于女人还是有很多不公平的期望和待遇，难免让有条件的女人对婚姻驻足不前。

所谓"有条件"当然是在经济上独立自主，不需要靠男人生活。

如果父母不催促逼迫，自己也没有心理上、情感上的安全依托考虑，或是急于想要生孩子的打算，那自然就会一拖再拖了。

印度上师萨古鲁是主张不婚的，他认为一个人可以好好地过，何必和一个愚者同行。但是他也尊重婚姻制度，他说，如果在经济上、社会上、家庭上、生理上、心理上，你有一定的需求的话，那么就结吧，但有智慧的人是不会结婚的。

我觉得可以这样解释：

对不认真的修行人来说（只在表象上下功夫的修行人），婚姻是他们最好的磨炼道场，也是会让他们原形毕露的领域。

对认真、全心投入修行的人来说，婚姻中的种种责任、挂碍、牵缠，的确会影响他们修行的进度。

那对"普通人"来说，为什么需要结婚呢？

除了养儿育女、家庭传统观念、社会价值观的需求，很多人也需要把自己的心思、情感，挂在一个地方。

如果那个地方是一个人，我们就会想要安全、靠谱地保有这个人，因为我们的情感、心思都在他那里。那么，结婚似乎是一个好主意，把对方套牢，名正言顺地让他只属于你一个人。

087

你童年的创伤，会在婚姻里被"激活"

然而结婚之后，却多了那么多的义务、纷争，往往令人措手不及。有些纷争是因为从单身一个人，到突然需要面对两个家族导致的，有些是由于日常生活的琐碎事情导致的。但大部分的纷争，最后都是因为"婚后童年创伤爆发应激障碍"，这是我创新的名称，不过大家应该不难理解它是什么。

那就是，**结婚以后，两个人关系一旦稳固，各自童年经历的创伤，以及和原生家庭父母关系中的痛点，几乎都会在婚姻里被"激活"。**

人类大脑的发展，是从爬虫类的脑（脑干），到哺乳类的脑（脑边缘区域和脑干加起来统称旧脑），然后进化出大脑皮质层（新脑）。

旧脑负责直觉、本能、情感等直接的反应，而新脑是掌管理智的。人们亲密到一个程度，新脑就会不由自主地懈怠、松弛，任由旧脑掌管我们在亲密关系里面的行为和反应。

这说明了为什么有些人总是把最恶劣的一面呈现给最亲近的人看，在外面人模人样的，回家后的嘴脸和在外面的就完全不同了。

旧脑储存了童年的各种记忆，尤其是不美好的、痛苦的、受伤的，所以，在亲密关系中，我们会被伴侣激发起童年时候最痛的伤口（通常是父母造成的），并且以童年时期同样的应对模式，或是童年想要却没能、没敢做到的方式去回应对方。因为当我们的新脑罢工的时候，旧脑分不清此刻在我们面前激发我们情绪的，是那个童年为我们带来巨大伤害和失望的父母，还是现在不小心触碰到你的雷区的无辜亲密爱人（甚至是路人）。

这个时候，新脑通常是进入休眠状态的，分不出青红皂白，真可惜。

所以说，我们总是不由自主地在亲密关系中，重现童年和亲密大人的互动模式，如果模式健康、正常，那就没问题。如果不健康，甚至病态，那么这个孩子长大以后，就会不自觉地在亲密关系中，重复同样的模式。

一方面是他认为，这就是所谓的亲密；另一方面是因为，他的内在可能需要重新给自己一个机会，去疗愈童年未能面对、接纳、了结的伤痛。

比方说，对父母有很深怨怒的人，都会不自觉地在亲密关系中，把怨气带到配偶身上，婚后一段时间，甚至看到对方的身影都会觉得厌恶，更别说什么亲密的举动了。

这就是婚姻中最糟糕的磨合期，其实过了这一段时期，也会有柳暗花明的时候。

小时候被父亲冷漠对待的女孩，长大以后可能会有自虐倾向——始终对追求她、对她有兴趣的男人无感，反而会被冷漠、高傲的男子吸引，重复在父亲身上得到的那种被冷落、忽视的痛苦。

因此，我的观点是，除非是那些命中姻缘很好的人，否则，把心思、情感、存在感全部投在亲密关系上的人，是最为得不偿失的。

你可以想一想，如果花同样的精力、时间在"非人"事物上，也就是说，用心去学习一门技术，研究发明一种产品，发展事业，建立一个实体的东西，锻炼并雕塑自己的身体，那么你的收获是非常靠谱、实在而且有保证的。

真正的成长，是不依赖别人提供幸福

但是为什么那么多人前赴后继地进入婚姻呢？

089

前面说了，这是因为诸多不同的需求所致。那么，有什么办法让"婚后童年创伤爆发应激障碍"的现象能够减缓呢？

当然，我们会说，自己需要成长。如果你能脱离自己孩童时期的那种受害感，认可自己已经是成年人了，要为自己的行为、言语、感受负起大部分的责任，那么，这种应激障碍就会获得减缓。同时有意识地让自己的"新脑"在每次冲突中发挥作用，不要打烊，这也是很有帮助的。

我当然鼓励大家多去我们的空间里面，选择学习各式各样的心灵成长课。但是根据我多年的经验和观察，上这些课程，只有在自己"决心要改变"的前提下才有效。

很多人为了婚姻问题来上课，其实，是想学会改变对方的招数。这种情形，就会造成表面上的改变，借此来"诱发"对方的改变。

如果一段时间之后，对方还是不改变，很多人就会埋怨说，我都成长了、改变了，怎么他还不变啊？

亲爱的，这不是真正的成长。

真正的成长——尤其是有助于婚姻的成长，是认清你无法依赖任何人"提供"给你幸福。

你必须去寻得自己的"一手幸福"，找到那种情感上不依赖他人、能够自给自足的快乐。

单身几年以后，我终于感受到了"大龄剩女"都是自愿留营的感觉：

因为没碰到让你觉得值得为他牺牲单身快乐的男人，所以宁可单着。这种状况是最美的，不是吗？

　　真正的成长——尤其是有助于婚姻的
成长，是认清你无法依赖任何人"提供"
给你幸福。

　　你必须去寻得自己的"一手幸福"，
找到那种情感上不依赖他人、能够自给自
足的快乐。

02
你自带的"情绪牌",
决定你吸引怎样的伴侣

不同的人面对同样的事,悲喜截然不同

我的抖音、微博和微头条总会收到很多私信,一些悲苦的人会写信向我倾诉他们的痛苦——工作上的、关系上的(父母、子女、伴侣、朋友)、心理上的,人间疾苦看来真的很多。

然而我也相信,有一些人和这些人处境可能一样,但由于比较乐观、开朗,所以他们对人生的横逆比较能够泰然处之,是我们说的没心没肺(天生出厂设置就比较良好)、没事就喜滋滋的那种人。

所以我一再强调,**悲和喜,其实是由我们的内建程序所决定的,每个人都是从那里出发,带着自己的滤镜去看外在的世界,也带着这种"情绪基调"去过生活。**

就好比说，我们拿着不同的情绪牌：悲伤、愁苦、失望、愤怒、失落、自卑、委屈、遗憾、愧疚、自责……

在生活中，看到"合宜"的事件，我们就把牌子挂上去，好让自己感受到那块牌子上的情绪。没有那块牌子，即使有相对的"外境"，你也不会感受到那种情绪。

比如，有一次我的两个女朋友玉竹和曼玲同时遭到背叛，但是她们的主要感受，竟然毫不相同。

玉竹和培良第一次见面就天雷勾动地火，玉竹忠于自己的内心，抛家弃子和培良在一起，培良却一直离不了婚。玉竹还出钱资助培良摇摇欲坠的事业，坚信培良可以成功。

曼玲则是天之骄女，也无奈成为王杰的小三，同样也是支持王杰的事业。

后来玉竹发现，培良原来瞒着她一直和数个女人保持肉体关系，玉竹崩溃了。而曼玲则是发现王杰居然在网上和别人撩骚，也是崩溃。

不过好玩的是，两个人的反应非常不一样。

玉竹的主要情绪感受是被辜负、被利用、不被爱。

而曼玲的反应则是羞辱、挫败。

我问她们，小时候谁给过她们这样的感受，而且一直无法化解？她们异口同声地说：母亲。

每个人得到的戏码"剂量"，都恰到好处

玉竹小时候就是个惹人疼爱的孩子，她特别努力，就是希望能让妈妈开心。可是妈妈不但不开心，还常常骂她、控制她，不让她做她想要做的事情。所以被辜负、被利用、不被爱，是玉竹内建程序的主要牌子。

曼玲则是聪明伶俐又漂亮，妈妈对有诸多要求，她再怎么优秀都不够，总是达不到妈妈的标准，她觉得备受羞辱和挫败，所以，这就是曼玲的主要情绪牌。

长大以后，曼玲凭借一堆名校的学习经历，脱离家族自己创业，就是要证明自己够好。但是无论她多成功，那个"你不够好"的羞辱和挫败感，就像魔咒一样尾随着她。

两个女人都优秀聪明而且有一定的智慧，我一跟她们说这个道理，她们就懂了。如果不是我们自身配备了这种情绪，怎么可能发生同样的事情，两个女人的反应完全不一样（虽然表面上看起来都是伤心悲痛）。

所以，问题不在两个男人身上，而在她们自己身上。

如果她们今天逃避面对这种情绪，那么日后，还会在生活中想方设法找出（或创造出）"相对应的事件"，好让自己的情绪牌有地方挂。

对应的方法（鸡汤勺子来了）如下：

我建议玉竹，如果在生活中，再碰到类似的情绪升起（被辜负、被利用、不被爱），她要很警觉地看到它们，并且知道，这种情绪的出现，自己的责任远超过那个看起来引发她这种情绪的人或事。

玉竹当然知道，在她的生命中，培良只是激起她这些情绪的人之一而已。她从小到大无数次都在面对这种情绪，对它绝对不陌生。

以前玉竹可能会用尽全力付出来换取爱，并且积极地捍卫自己的权益，以免被利用、辜负。当然，这样更会让她的生活和人际关系紧张。

今后，当她再碰到这种感觉的时候，我请玉竹和这个熟悉的感受打一个招呼，看到它其实是自己内建程序创造出来的一个虚幻的东西，不是真实的事实。带着这种理解，去看外在那个好像是勾起这种情绪的"元凶"，可能就会有不一样的眼光了。

久而久之，玉竹的生活质量、快乐水平以及人际关系，都会有大幅度的提升。

曼玲也是一样。每当有挫败、羞辱的感受升起时，不要急着去骂下属、责怪别人（这是她惯常的逃避方式），而是先好好和自己的这种感受待在一起，看着它，知道它也是一种虚幻的被造物，和外面的人其实无关。

持这样的态度再去处理外面的人、事、物，曼玲的情绪起伏就会比以前小很多，而且，不会像以前那样疯狂工作、要求完美，以逃避羞辱和挫败的感受了。

不过，宇宙"制造"事件的方式也很好玩，我发现它给每个人的戏码的"剂量"，都是恰到好处的。

像曼玲的遭遇，如果放在玉竹身上，可能不足以引起玉竹那么大的反应，所以玉竹需要比较"重口味"的多重背叛。

而曼玲因为年轻，比较心高气傲，光网上撩聊就足以引起她情绪崩溃，所以就不需要重口味的真实行动了。

这种情形在我周边生活中屡见不鲜，每个人的"剂量"都刚刚好，不多也不少，让我赞叹宇宙创造之巧妙。

你怎么挂你的情绪牌？

有一次，我认识的四个女人（都是已婚妇女）均为婚外情所苦，症状也都差不多：明明知道对方不好或是不合适（对方也都已婚），就是放不下。她们几乎都有抑郁的征兆和想自杀的念头。但是每个人的"剂量"又都不一样。

剂量是什么意思？就是勾引这四个女人"上钩"的剂量是完全不同的。

A 的男人是情场高手，甜言蜜语专家，更是一流的演员，他完美的分裂型人格，让 A 毫无招架之力地坠入情网，不知情的人都以为 A 是被深深宠爱着的。

B 的男人是个艺术家，浪漫悲苦的气质很让 B 着迷，但是他对 B 的感情不深，别人都看得出来他在利用 B，甚至他直言，和 B 在一起就是为了她的钱，B 却身陷情网不可自拔。

C 的男人是冷感型的，比较酷，对 C 若即若离，让 C 抓狂。C 几乎要为他离婚，但是实在找不到理由离，因为 C 的男人的感情始终飘忽不定。

D 的状况最为离谱，对方连她的手都没碰过，两个人只是通通信件，D 就已经爱得死去活来、重度抑郁了。

所以，A 对 B、C、D 的三种男人都是免疫的，不可能上钩，宇宙就会创造出一个"完美情人"给她，让她深陷泥沼；而 D 的需求门槛最低，只要有个幻想对象就可以爱得轰轰烈烈，所以剂量最低。

为什么宇宙要这样创造？其实都是她们自己潜意识里的"需求"所致，她们都需要体会儿时的创伤，好在如今成人的状态下（情绪比较成熟、资源比较丰富）获得疗愈。

在上面的案例中，A 和 D 都获得了重生，走出了感情创伤，活得更加灿烂。C 也抒发、穿越了童年时的一些伤痛，如今活得更加自在。只有 B 选择逃避，投入事业中，用更加坚硬的外壳把自己包装起来。

亲爱的，你的情绪牌主要是什么？

需要你投入相应的戏码、剧情中，借此激起创伤的剂量又是多大？

对号入座看看吧。

希望大家都能够走出自己惯性模式的控制，看清楚情绪创伤的虚幻，不再受它们控制。

03

婚姻里的一大误区，
是把伴侣当爸妈

婚姻里的一大误区，正在扼杀你的关系

婚姻最困难的部分，就是双方都成了对方原生家庭问题的投射板，我们会不自觉地把自己和父母之间的问题，复制到亲密关系中。

比方说：如果你的脾气本来就不好，小时候又常被脾气也不好的父母斥责，那么，你就会对伴侣的责备语气特别敏感，容不得对方语气的一丝不善。

于是，当对方说话有一点不耐烦或带有一丝指责味道的时候，你就立刻反弹，久而久之，当初结婚前的浓情蜜意慢慢消磨掉了，对方会觉得你怎么这么烦人，随便说你一句都要生气。而你会觉得，对方一开口，甚至不说什么具体的事情，只要听到他说话就开始反

感了。

问题在哪儿？在你那颗玻璃心。

如果你的伴侣偏偏是个性格比较硬、比较轴的人，不太会用开玩笑或轻松的方式和你沟通一些比较敏感的问题，那你们的感情就会每况愈下。

如果小时候你的很多权利都被剥夺，父母根本不考虑你的需求和立场，那么，你就会对伴侣不体贴或是不宽厚的行为特别敏感，总是有"被剥夺"的感觉。

于是，伴侣不体贴、不为你着想的种种行为，就会被你无止境地放大，作为一个攻击他的借口和武器，甚至会成为离婚的理由。

记得有一次我和前夫出去吃饭，在饭桌上我觉得冷，便告诉他：我好冷啊。他看我一眼，自顾自地和朋友说话，完全忽视我。后来回家的时候，我在他车上看到一件外套，这件事让我很心寒，心里对他逐渐不满和疏远。可是有一次我说给一个朋友听的时候，他说，你是成年人了，自己冷不冷为什么要别人帮你负责？

是哦！为什么我们总是不自觉地把伴侣当成我们的父母，要为我们的衣食冷暖、喜怒哀乐扛起责任来？

这是婚姻中的一大误区，扼杀了多少良缘。

你的伴侣，可能成了你小时候的代罪羊

如果小时候父母对你控制非常严格，全方位把控你，长大以后，

你会有害怕"被吞没"的恐惧，于是形成反依赖人格，不喜欢和伴侣太靠近，总觉得对过度亲密的感觉有种说不出的恐惧感和不对劲。即使伴侣的正常关心和问候，你都会觉得对方是在控制你。

于是，你会把小时候无法做到的事情做出来：回避、叛逆、反抗，就是要宣示主权——老子是自由的，你少管我。

或许，你会对电玩、手游更有兴趣，当然，外面的女人/男人对你也更有吸引力，因为外面的"得不到"，比"完全得到"对你来说更有趣，也更安全。而伴侣因为抓不住你，感觉你逐渐在疏远他，他会更惊慌地想要靠近你、琢磨你、抓着你，恶性循环就开始了。

如果小时候父母对你挺好的，但他们都是完美主义者，你拿回家九十八分的考卷，他们会问你："那两分到哪里去了？"对你的一举一动、一言一行、穿着打扮，他们都要评头论足地干涉，最后就是：你对自己看不顺眼，因为从小就没被看顺眼过。

好了，结婚以后，你可怜的另一半就成了你的投射板。你对自己所有的不满意终于有一个出口了，终于有一个对象可以承接了。

于是，你看老婆披头散发的妩媚样子就不顺眼，扎起头发才舒服。

穿短裙很难看，穿长裙、长裤才端庄。

老公吃饭的样子、剔牙的方式、坐姿，甚至走路的姿态，也都会遭到嫌弃。

这就是不折不扣的代罪羔羊，你成了小时候的你父母，而伴侣成了小时候的你。

101

关系中感受最重要，道理其次

这只是几个比较典型的例子，我来说明一下它们的根源是从哪里来的。我们大脑的发展，是逐步生成的：

先是爬虫类的脑，主管直觉反应；
然后是哺乳类的脑，主管情绪；
最后才有大脑皮质层，也就是掌管人类理性思考的新脑出现。

小时候，我们的旧脑就已经很发达了，在记录、观看、运作所有生活中大大小小的事件。理性的新脑，是在我们长大之后才慢慢懂得和学习如何去运用的。

所以，我们和父母之间的纠葛、创伤、未完成的事情、压抑的情绪，都储存在旧脑里面。在应对外面不是很熟悉的人时，我们的新脑——理性脑，会运作得非常好。对大部分人来说，除非你和他非常熟悉，或是真的狭路相逢惹毛了他，他才会直接用旧脑反应。

当进入一段亲密关系，双方熟悉到打嗝、放屁都可以不避讳的时候，只要不带着觉知和有意识的觉察，通常就是由旧脑在操控自己的惯常反应。

于是，你会不自觉地把对方当作小时候的父母，移情、投射一堆东西到对方身上，浑然不觉是自己的错。我就经历过这样的过程，没有觉知的时候，看对方就是不对劲。当自己心态转变了以后，对方的行为就不再困扰我，不再构成问题了。

所以在 PoV 愿景心理学中就说，我们需要在婚姻中看到自己的错误，才能有改进双方关系的机会。

我自己认为，每次吵架的时候，谁先认输、认错，谁就是真正的赢家。也许你会说，明明对方无理，我这样是不是会宠坏了他？其实不会。重要的就是在争执的当下，你先缓下来，让大家气都消了，再来论理。只要心中有底气、有界限、有尺度，率先道歉的行为，就是勇者的行为。

关系中，感受最重要，道理、对错绝对是其次。

多么痛的领悟！

103

04

为什么你的爱情，
总在重演原生家庭的错误？

你的亲密关系，重复着和父母的相处模式

我的《爱父母的最高境界：不承担他们的痛苦》引起了很多朋友来自心灵深处的响应，留言都是大段大段的，说明这个话题真的触动了大家的内心。

很多朋友都直言，遭到了父母的情感勒索和绑架，我也在文章中说了怎么去面对、应付，但这是一段漫长的旅程，内心要有足够的力量，才能够对父母的意见、状态，真正地免疫和放手。

我们来继续探讨原生家庭的问题。

首先要说的，就是我们在亲密关系中几乎都不可避免地，重复和父母之间的相处模式。

　　有些人就是会找和自己父母性格、处事方式都相同的人做伴侣，而有些人则是把对方变成和父母一样的人，最终就是要去体验和父母相处时同样的感受。这是我们灵魂的计划之一：希望我们能够修复童年的创伤，让自己成长进步。

　　阿瀚是个非常优秀善良的男人。他的第一次婚姻，因为老婆外遇而收场；第二次婚姻，居然也发生同样的事：老婆爱上别人，要和他离婚。

　　一时间，他自己有短暂的醒悟：一定是自己哪里出了问题，才会遭到同样的待遇。

　　可是阿瀚和大多数人一样，无法直视、面对自己的问题，只能继续无意识地随着命运的轨迹往前走。

　　离婚两次以后，他不敢轻言婚姻，交了一个各方面条件都远远不如他的女朋友小红。潜意识里阿瀚可能觉得，这样的女人就不会再抛弃他了吧。

105

　　两个人刚开始谈朋友的时候，小红处心积虑地讨好阿瀚，因为以她的条件，遇到阿瀚真的是天降男神，是太不可思议的好运了。但是当两个人关系稳定了，小红抓住了阿瀚的喜好、习性之后，情势就逆转了。

　　小红变成了阿瀚的女神，阿瀚讨好、奉承、尾随小红，让人看得一头雾水。不但如此，小红因为阿瀚随侍在侧，变得狂妄自大，每每在人前不给阿瀚面子，有一次还当众把阿瀚骂哭了。

有些人就是会找和自己父母性格、处事方式都相同的人做伴侣，而有些人则是把对方变成和父母一样的人，最终就是要去体验和父母相处时同样的感受。这是我们灵魂的计划之一。

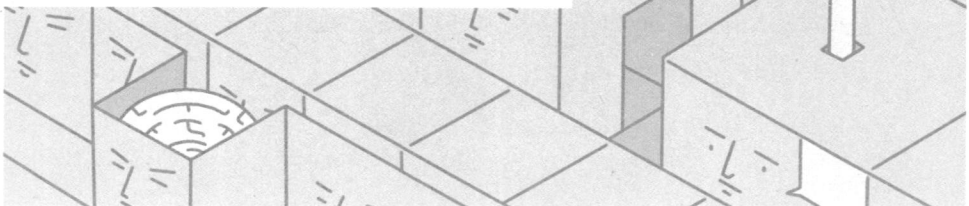

只要你愿意改变，就可以做到

在这样的凌虐关系里，阿瀚为何不离开？这当然和他顽固、不愿意变通的个性有关。

而我们看看阿瀚和妈妈的关系，就知道为什么他会选择在亲密关系里做弱者了。

阿瀚的妈妈是个非常愿意付出的职业妇女，但是要求也特别高。阿瀚在妈妈面前是被阉割的男人，不敢直言自己的想法。面对母亲的强势，阿瀚只能讨好、收敛，心中"强大母亲"的形象，就是他择偶的标准。

所以，即使找了条件那么差的女友，对方一开始还曲意奉承，他也会把她捧得高高的，自己对号入座一个"卑微"的位置，好让对方符合他心目中母亲的形象。当然，对方也会"配合"演出，重复他母亲对待他的模式，对待他的态度前后真是判若两人。

这种潜意识运作的动力，时时刻刻都在生活中影响我们的抉择，继而创造我们实际的生命经验，也决定了我们在生活中体验到的究竟是什么。

我的亲密关系，也多多少少重复着和父母的关系模式，我现在也一直在看，在学习，在改。

首先要领悟到自己受到旧有模式的捆绑，因而做出了相应的行为，而这些行为对我们现阶段的关系是没有好处的。看到了之后，下定决心要去改变，才能够获得真正的自由。

107

我们常说，知道和做到之间，是世界上最遥远的距离。但是，只要你肯改变、愿意改变，知道就可以做到。

比方说，我在亲密关系中，其实是倾向于对男人过分屈从、讨好和依赖的。另一方面，我天生就有女王范儿，做事、说话、决断力其实都比很多男人强过许多。如果我贬低自己，想要让我的男人做主、出头，他们反而无所适从。

因此，我现在就在不断学习、揣摩、演练，如何一反自己过去在亲密关系中的依赖习性，更加自主而且归于中心，好让我的亲密关系能够更加顺畅。

也就是说，我过去的亲密关系模式，以及对待男人的态度和方法，分明是有问题的。而我现在也知道问题出在哪里了，所以会带有觉知地去改变。

亲密关系，和原生家庭密不可分

再举几个例子。

小云的亲密关系一直不顺利，她总是会选择对她不好的男人，那种高冷型的最吸引她。只要是对她好、主动追求她的男人，她都没兴趣。

我们知道小云的父亲是名军人，几乎没有和颜悦色、温暖地和她说过话，更别说亲密的肢体动作了。所以小云陷在童年父亲给她的"诅咒"中，亲密关系当然不幸福了。

小云需要重新设定自己对亲密关系对象的感受和要求，甚至不惜用洗脑的方式告诉自己：你值得被爱，被好好对待，被温情地拥抱……

然后每当对她好的人出现，她排斥的时候，也要有意识地告诉自己：给他一个机会，交往一段时间，培养感情。

在这个过程中当然也要不断地告诉自己：你是最棒的小公主，值得被好好疼爱。真正在行动上对你好的男人，才是你要爱的人。

后来，本文中"小云"的原型——我的一个朋友，最终选择单身，一个人住在北京的郊区，和几只大狗相伴。她没能突破自己的性格模式和命运轨迹，只能妥协于一个事实：对她来说，和狗相处，比和男人要来得好。

所以说，女孩要富养，让她觉得自己是值得拥有最好、最棒的东西，值得好好被爱，这样她才会找一个爱她的男人。当然，富养不是无止境地在物质上宠溺，否则"醉驾玛莎拉蒂致人死亡"案件就会一再发生。在观念上教育，并且身体力行地让女孩们学会自爱、自重，是最重要的。

而男孩要承担责任，需要一些磨炼，不能太娇宠，否则他的婚姻就会不幸福（妈宝男的诅咒）。但男孩特别需要的是成就感（自信）和自尊，在养育他们的过程中，这是父母可以给的最好的礼物。

秋华是个很有才华的女人，她是城里人，家里条件也不错。嫁给阿杰的时候，父母都不满意，因为阿杰是从农村出来的，家里穷。

阿杰后来很努力，自己奋斗有成，挣了一些钱，但是他开始鄙视秋华，觉得秋华自以为是，不思进取，享受他努力的成果，天天

109

在家没事就作。

秋华非常爱阿杰，阿杰长得好看，人也很好，但是她感受不到阿杰的爱，反而感受到的是鄙视。反观秋华在原生家庭里，是非常受宠爱的小公主，为何会这样？

细问之下，果然秋华的妈妈就是一直受到她爸爸的鄙视。两个人教育程度、各方面的条件都差得挺多，所以秋华的妈妈在家里没有地位。虽然秋华被呵护备至地养育，但是出于对妈妈的爱和忠诚，她在婚姻中不知不觉重复了母亲的模式，感受到了母亲一直以来的感觉。

秋华需要放下对妈妈的责任，不能因为感受不到老公的爱就放弃自己。她应该写点文章（她有文采），多多打扮，建设自己的内在和外在，培养自己的兴趣，不再把眼光都放在"那个男人到底爱不爱我"上面。

阿杰很无奈地跟我说，他还想跟秋华生第三个孩子，而且自己是个非常顾家、负责任的男人，为什么秋华老是找他麻烦，弄得家里鸡犬不宁？

我告诉阿杰，他在言语上和情感表达上没有做好。秋华在家带孩子，越来越没自信，他应该多赞美、感恩她，而不是处处挑剔她家务做得不好。

阿杰自己能干，内外兼顾，让秋华更觉得自己没用。他们两个人需要进行一个良性的循环，改善现在水火不容的婚姻。

亲密关系，真的和原生家庭的关系密不可分。

这三种"隐形伤害"，正在消耗你的婚姻

亲密关系里，语言攻击有多伤人？

有一次看到一个关于白百何的访问，她坦承当年和前夫在一起的时候，曾经给过他一些打击。

他的作息都是昼伏夜出——白天睡觉晚上工作，她很不能接受，因为孩子还小，不能常常见到爸爸。

他说，演唱会压力大，没办法。白百何就说："别人开演唱会怎么没像你这样啊？你干不了就别干了呗！"

在访问中她流下悔恨的泪水说："这句话，真的很伤很伤他。"

这是一个很典型的语言攻击——当我们受了委屈，或是想要对方改变的时候，我们不说出自己的真正感受，反而用攻击的方式去

表达，好像我对了，你错了，我声音比你大，理比你足，你就会改变了似的。

遇到负面情绪就实施语言攻击，甚至人身攻击的人，亲密关系通常会处不好，除非另一方是忍气吞声的受气包，特别包容、宽待你。

这种行为模式的程序一旦形成，就很难改变，尤其是对自己最亲近的人，最容易发作。

我们可能会把小时候在父母那里受到的委屈和累积多年的愤怒，趁着自己模式发作的时候全部投射到对方身上，长此以往，感情就伤了。

所以，关注自己的反应模式，如果是典型的遇到挫折、伤害、损失、愤怒的时候，就一定要夹枪带棍地攻击对方要害、胜过对方、让对方不舒服，那可能就需要在这一块多多成长和改变了。

怎么改变呢？当然就是从不知不觉（浑然不知道自己在用攻击模式回应对方，只会让关系更加恶化、事情更处理不好），到后知后觉（攻击完以后才觉察自己又往双输的方向去了），再到当知当觉（正在攻击的时候，发现自己的老套路又来了）。

最后，你会进步到先知先觉——正想说什么去挽回面子、伤害对方、碾压对方的时候，停在那里，处理一下自己的负面情绪，然后再理智、不带责怪地说出自己的要求。

问题是，很多人即使知道自己的沟通方式有问题，也不见得想要改变。

白百何如果知道自己直来直往的脾气，会对婚姻、家庭以及双方的事业造成多么大的伤害的话，也许会想要改变。

当然，也许她前夫的缺点不仅是晚上不睡觉而已，但如果在和这样的人磨合时，能改变自己的沟通方式，对于人际关系、下一段亲密关系和事业前途，都会有很大的加分，最关键的是自己幸福指数的暴增。

所以在恋爱、婚姻中，包容、接纳真的很重要。晚上不睡觉的伴侣，的确非常令人头疼，我们碰到这样的人，只好用他来修炼自己，学会接纳世间的不完美。

被动式攻击的伴侣，最好不接招

遇到用言语暴力攻击的亲密伴侣，我们需要立刻回到自己的中心，最好是离开现场，让双方都平静下来。

之后一定要复盘，大家坐下来把感受都说出来，看看怎样让以后的沟通方式能够更文明一点。

上面这种是关系里比较清楚明白的攻击方式。而有一种攻击方式叫作"被动式攻击"（passive aggressive），说话温和但绵里藏针，让人听了气不打一处来。

翠华的老公阿宗就是这样的人，表面上是个谦谦君子，实际上，却是一个非常顽固又小气的人。他就是那种典型的"自己舍不得花钱，却怪你欲望过高"的男人。

阿宗表面上说话都很好听，实际却处处控制着翠华，要翠华按照他的标准生活。他会找各种借口不让翠华买东西，就是不承认自己小气。

如果翠华生气了，他就会说："我惹你生气了吗？那我道歉！"

（标准的被动式攻击道歉方式）当然，语气里没有一丝道歉的诚意，只会让翠华更加愤怒。

遇到这样的男人，其实就不要和他掰扯，该干吗就去干吗。如果他责问你钱花到哪儿去了，就装傻、打马虎眼混过去，反正他要面子，不会和你真正撕破脸。

这种用被动式攻击来让自己看起来很高尚的人，和他吵架最好的方式就是不理他，假装听不懂。因为这种人很会用隐藏式的尖酸刻薄来达到目的，如果你被激怒，就中计了。

如果你不理他，他的自我形象就会遭受挑战，他不屑（或不敢）用正面攻击的方式来表达自己，但又有很强的自我意识，把自己的标准强加于别人，所以"不接招"是最好的对策。

伴侣的能量攻击，不必在乎

还有一种人，擅长用能量攻击，让坐在他旁边或走过他身旁的人都坐立难安。

这类人很奇怪，心里有事不高兴或是身体不舒服的时候，他不自己消化、承受，而是把自己的负面能量尽可能地散播给周围的人（当然，和他最亲近的人首当其冲），好像让别人不高兴就可以纾解他自己的烦恼痛苦似的。

佩华的男友方恒就是这样的人。有一次佩华和男友去西藏玩，雇用了一个导游和司机，几天下来，大家都一起吃饭，相谈甚欢。

　　我们可能会把小时候在父母那里受到的委屈和累积多年的愤怒，趁着自己模式发作的时候全部投射到对方身上，长此以往，感情就伤了。

但最后一天，方恒的高原反应发作了，他头痛欲裂，在晚餐桌上，他一言不发，面色铁青，让司机和导游战战兢兢，连夹菜都变得小心翼翼的，好像动作大了就不行似的——可见他的隐藏式负面攻击能量有多强大。

回到酒店，佩华轻声地问方恒："要不要吸氧？"方恒没好气地问（语气极其恶劣）："你有吗？"语调像是把佩华当敌人，今天他会落到这般境地都是佩华害的。

其实，方恒一直都这样。每次不高兴或是不舒服，连关车门都是用摔的，放东西也是重重地砸在桌上，好像摆脸色给佩华看，让佩华受气了，他就会好过一点一样。

这种人，就是有脾气也只敢发在最亲近的人或服务生（比他弱势的人）身上，最没有风度也最愚蠢。年纪大了以后，人最需要的就是身边的老伴，他的这种态度，会把身边的人都逼走。

遇到这种人怎么办呢？佩华就是太爱方恒了，所以会在乎方恒的这些举动。其实，当方恒用负能量攻击周围的人时，佩华要做的就是走开，根本就不要理会他。

让他学会，如果你不高兴，需要我安慰；如果你不舒服，需要我照顾，那请你用比较好的态度和语气来提出要求，不能用这种方式来凌虐我。所以，"不在乎"是对付这类人的最佳对策。

关系中的各种不良沟通方式，当我们了解以后，对号入座自我检讨一下，并且学会如何有建设性地应对，是非常重要的。

06

这三个问题的答案，
决定一段婚姻能走多远

很多人稀里糊涂地谈恋爱，没有设定好目标，以为看对眼了、爱上了，就可以在一起，如果处得来，还可以终老。

殊不知，这其中陷阱重重啊。想要谈一场不"伤"的恋爱，我们必须把自己的目标弄清楚。

会谈恋爱的人，不一定会爱

我感觉亲密关系中最大的一个迷思，是我们的目标并不真正放在很务实的条件上（双方的价值观、家世、性格等），而是无意识地把主要目标设定在喜欢恋爱的感觉上。

所以，"好想好想谈恋爱"这句话，会引起很多人的共鸣，觉得坠入爱河真的是美事一件。

然而，很会谈恋爱，和双方合适不合适、真正拥有爱的能力，是完全不同的特质，需要我们区分清楚。

最幸运的人，当然可以碰到既会谈恋爱，又真正有爱人能力的人。其次，就是不太会谈恋爱，但是有爱人能力（虽然无趣了些）的人。

而最差的不是既不会谈恋爱又没有真正爱人能力的人，你和这种人在一起，就无关乎爱了，因为一开始感觉就不会那么好，你如果还愿意和他在一起，一定是受到其他实质的条件因素影响。

最差的是非常会来事，很会谈恋爱，但是一点爱人能力都没有的人。

为什么说这种人是最差的呢？因为一开始他浪漫地和你风花雪月，让你情不自禁地全心投入、付出感情，而且带着极高的期望值进入关系中。

然而这样的人，最经不起近距离、长时间的相处。尤其是一旦有利益关系进入，就更可以看出对方自私自利、没有包容心的嘴脸。很多明智的人，可能看清楚这点之后，还能急流勇退、及时抽身。

然而还是有很多人，会继续奋不顾身地投入自己的感情、时间甚至金钱。这是因为这些人的亲密关系潜在的模式需求，就是要去体验不被爱的感受。比方说，如果我想体验不被爱的感受，我就会去找一个给不出爱的人。

但是因为一开始的时候，我不会爱上一个看起来不爱我的人，所以我们会找到一个一开始好像很爱我，而且爱得很真、很像的人，让我上钩。深深爱上之后，才发现原来对方给不出什么东西。

受到模式的牵引，我们会一直在这段关系里纠结，继续体会不被爱的感受。

还有人发现不对劲之后，不会立刻拂袖而去，是因为她们认为：一开始的时候他表现得很好啊！他原来不是这样对待我的，现在变成这样，一定是我的方法不对；或是他此刻的生命情境造成的，所以我要去改造他，或是协助他改善他的生活情境。

她们的想法是：既然当初他那么爱我，我就一定可以改造他、帮助他，让他变回当初我爱上他时的模样。

就是这样，那些在所谓"渣男""渣女"身边前赴后继的痴心人，愿意守候、等待，并且进行痛苦的纠结、磨合，就是希望当初的那种"坠入爱河"的美好感觉还能出现。

这是亲密关系中的第二大迷思——妄想我们能够改造对方，或是协助他改善生活情境，让他能像当初那样爱我。

我们没能看见，此刻的问题不是他的生命情境，也不是两人相处的问题，而是——他就是一个没有能力爱的人。

真正会爱的人（和会谈恋爱的人是两种人），是会在关键时刻能够考虑你和你的感受的人，不会自私地只考虑自己要什么，不惜伤害你和你们的感情。

这种爱情，是不折不扣的奢侈品，需要成熟、宽容的人才能做到。

刚开始的花前月下，爬楼送汤，只是亲密关系里很小很小的一部分，不要为了这一点点温存，就赔上后半辈子的幸福！

119

灵魂伴侣，不一定是最后归宿

亲密关系中的第三大迷思，就是从此王子和公主过着幸福快乐的生活。

所有的关系里面，都有低潮期，而且不是普通的低潮，可能双方都会厌恶对方，觉得不合适，不禁问道：我以前爱的那个人到哪里去了呢？

如果这个人基本上还算是一个有爱人能力的人，那真的就需要我们求助于所有亲密关系的救命良药——包容、接纳、等待。

我访问过很多结婚多年的夫妻，请他们分享婚姻能够长久的秘诀。几乎所有愿意说实话的人，都异口同声地说：忍耐。

忍耐有两个层面，一个是横向的——结婚后发现原来相处上还是有那么多的障碍，彼此不适应。那就要真诚地沟通、协商，彼此让步，找到那个双方都能够接受的平衡点。

另一个是纵向的——给双方一点时间、让子弹飞一会儿。很多人在面临婚姻危机的时候，常常非常急躁，要立刻做出决定。

然而有很多长久的婚姻，在中途都出现过激烈的冲突和各种矛盾，闹得不可开交，好像过不下去了。

可是，过了几年之后，我们发现，这些婚姻中的配偶，如果能各自成长，修复关系，最终还是能作为结发夫妻，携手终老。

我的朋友小云是一个向往浪漫的女人，她就嫁了一个不太会谈恋爱，但是成熟稳重的好爸爸型的男人。我感觉她在婚姻中躁动不安，总觉得欠缺了什么。后来，她果然出轨了，心神混乱地来找我。

小云的老公是个老外，观念比较开放，加上是个老好人，所以，即使知道小云爱上了别人，他还是愿意守候这个家，等待她回心转意。反而小云摆出一副就是要不惜破坏完整家庭、追求灵魂伴侣和爱情的决绝的姿态。我劝她不要轻举妄动。

我虽然不赞成灵魂伴侣的说法，但也承认，有些人的确是比较合拍，也容易让人动心。但是，即使是灵魂伴侣，也不意味着他就是你此生中的最后归宿。

也许你很爱他，也许你们很适合，但是，他出现在你生命中的任务可能就是要帮助你破局——突破目前婚姻中的死寂，把你带到天堂，再把你甩到地狱，让你自己找路回到人间。

这一路下来，保证你收获丰硕，人生风景也从此不同。但在过程中，不需要立刻去破坏自己的家庭，让孩子受苦，并且放弃一个这么好的男人——他唯一的缺点就是不会谈恋爱。

121

婚姻有变，先静观其变

谈恋爱期间，我们都会觉得和对方太心心相印了，可以进行非常深层次的沟通，各方面又非常合拍，简直绝了！

但是，当你付出、牺牲了这么多，最终两个人在一起过日子的时候，还能不能过这种激情的生活呢？当然不可能。

这个时候，就要回归到这个人到底有没有真正爱人的能力。

通常知道对方有家庭又情不自禁爱上对方的人，都是比较喜欢谈恋爱也擅长谈恋爱的人。他们无法控制自己的感情，所以，甘冒破坏别人家庭的危险爱上你。

他们无法控制自己的感情，将来就很有可能无法控制自己的感情去爱上别人，或是无法控制自己的感情去伤害你——这都是双刃剑。

当然，不能一竿子打翻一船人，我有一个朋友，就是在婚内认识现在的老公的。

对方一开始不知道她结婚了，深深受她吸引，得知她已婚之后，也试着离开，但还是情不自禁地又继续下去。最后他们过得还算比较幸福。

从旁观察，我觉得这个男人就是来还债的，我这个朋友的亲密关系的命运还是相当不错的。

所以，面对婚姻中的种种冲突，我们应该更有耐心地去静观其变，而不要贸然做出大动作。

现在离婚率节节升高，而结婚率却一路下滑，说明大家对婚姻越来越谨慎小心了。希望这三大迷思能够帮助大家在恋爱之前想明白。

1. 看清楚自己要的是什么？（迷思一）

2. 激情退去时，是不是妄想改造对方？（迷思二）

3. 遇到危机时，能不能做到包容和接纳？（迷思三）

　　最后要知道，柴米油盐的婚姻生活，有很多不同的面需要我们去包容、等待。

　　希望有勇气走入婚姻围城的人们，都能够得到他们想要的东西，并且白头偕老。

臣服是因为生命中有太多的事物、机运是我们无法控制的。

那么多的巧合，其实不单单是巧合，

是冥冥中机缘巧合、能量具足之后的瓜熟蒂落，

我们毫无掌控的能力。

所以，学会臣服于当下发生的，是非常重要的。

PART

4

释放负面情绪，
体会前所未有的轻盈人生

01

从心而行，
保持觉知

什么人心想事成，什么人听天由命？

在新的一年的第一天，请问你是不是充满希望地迎接未来的一年呢？让我问你两个问题：

1. 如果我告诉你，你的未来是由你当下心念所创造的，你会不会振奋起来去幻想一个美好的未来，并且加以计划、准备呢？

2. 如果我告诉你，一切由不得你，你做什么都没有用，你又会如何反应呢？

那实情到底如何呢?

我有一个朋友桃子，她非常积极正面，嘴里永远都是好的东西，当然我注意到，她说自己永远都是好的，说到别人，则会有批判、唱衰等负面的东西。

桃子和老公看起来挺恩爱的，也常常对外撒狗粮，不过我知道，她老公是一个非常孩子气的人，性格刚愎自用，又自视甚高，其实她没少吃苦头。

最近她老公有点中年叛逆／危机，嚷着要离开她，而且开始对别的女人感兴趣。桃子很在意她的老公，也有最大的诚意挽回他的心，所以，不惜一切代价要留住他。

与此同时，她对外发朋友圈，还是强调他们的真情、真爱，虽然她老公在和其他朋友拥抱再见的时候，已经开始摸别的女人的屁股了。

127

和另一个朋友姗姗聊到这对夫妻的时候，我说："桃子的这种态度，其实到最后，他们之间会变成她所描绘、希望的那个样子，因为我们看到了桃子的一心一意，这是无人能抵挡的。"

当然，我知道他们的关系最后会变好，也是因为他们结婚多年有两个孩子，事业上也是伙伴，桃子的老公还是比较重视家庭，也曾全心全意爱过桃子。

我和姗姗感慨，我们是不是要学学桃子呢?

什么决定了你的选择？

无论哪一个生命领域，只要你用桃子这种不弃不离、一心一意、不计代价的态度去努力，最终都会获得你想要的成果。我已经看过太多的例子。

不过，这种决心、毅力，不是一般人能学得来的。

要我是桃子，我会很生气这个男人因为事业不顺，就把气撒在老婆身上，自己找不到北，就想离开家庭出去闯荡；人到中年了，居然变得下流，和女性朋友说再见拥抱时会摸人家屁股；在家不高兴就臭脸相向，一点也不为自己负责，更不考虑伴侣的感受，像个男人吗？

桃子竟然完全不以为忤，甘之如饴地每天发朋友圈给自己加油打气，承受她老公所有不成熟、不负责的言行。

所以我预言，这个男人逃不出她的手掌心，终究会回归家庭，和她共享天年、白头偕老。

这个代价，不是我和姗姗能够付出的。这是谁决定的呢？表面上是我们自己，实际上是我们的性格，而性格也不是我们自己选择的。

性格能不能改？可以，但是非常难。我就常常观察我父母的言行，然后惊觉我遗传、学习了不少他们的作风和态度，而很多都是我不喜欢的，但是已经印刻在我的身上了，需要极大的觉知才能修正。

所以，只要你坚决地相信一些东西，并且兴致勃勃地朝那个方向前进，最终你会得到你想要的。

但是，如何让你兴致勃勃、不屈不挠地想做一件事呢？这是由内建程序决定的，如果你不了解、觉知自己的内建程序，那么基本上你什么都做不了，只能听天由命。

所以，我的新年新希望是：臣服与觉知。

从心而行，保持觉知

臣服是因为生命中有太多的事物、机运是我们无法控制的。那么多的巧合，其实不单单是巧合，是冥冥中机缘巧合、能量具足之后的瓜熟蒂落，我们毫无掌控的能力。所以，学会臣服于当下发生的，是非常重要的。

时时刻刻觉察自己的言语、行为，有没有徒劳无功地在抗拒已经无法改变的事实。浪费自己的能量和时间在无可挽回的事情上，是非常不明智的。

所以，臣服的功课，是我的第一个重点。注意不和事实抗争，安静下来化解自己心头的不甘、遗憾、痛苦、悲伤，这是一个基本功夫。基本功夫不做好，会给自己带来无穷的麻烦。

我认识一个男人阿宗，他的脾气、涵养都非常好，朋友都觉得他是个好人，但是他的妻子和儿女都不喜欢他。

我观察到他有一个最大的毛病，就是不愿意去体会"无能为力"的感觉，所以他想方设法让自己感觉"强大"，不可以"无能为力"。

于是，他拼命打击老婆和孩子的欲望，怕的就是他们对他提出要求，他无法回应、满足对方，而让自己显得无能为力。

所以，他总是跟孩子说，我供你们上大学以后，一毛钱都不会给你们，我的遗产会捐给慈善机构，你们自己看着办。

这样说让孩子心里很不舒服，孩子不一定贪图他的钱，但是他的态度，让孩子觉得不被爱，也觉得这个爸爸不近人情。

在婚姻中，他更是多方打击老婆的欲望，基本上老婆想要什么，他就讲道理说她想要的是不对的、不好的，或是直接阻止。最后，他离了两次婚，两个老婆都跑了。

追根究底，阿宗就是无法承担别人对他有期望而失望的感受，所以，他不让别人有任何期望。最终他的亲人对他的评价，都说他是个不讨人喜欢的好人。这样的人，当然不会收获一个快乐丰足的人生。

如果阿宗能看到这一点，勇敢地面对自己内在的那份无助，就不需要用那么多防卫工具去抵抗它，而那些防卫工具让他在各种亲密关系中处处失败、不讨好。

我们每个人都有很多这种不同的防卫工具，我的防卫工具是攻击型的，每每自己受伤或是不愿感到吃亏、被利用、不被尊重、所愿不遂时，我会用攻击的方式去发泄，而不愿意去感受它们。

我重新认识了一个字：戾，要愿意去面对、认戾，臣服于当下那个最不让你舒服的情绪，而不是发泄、投射、干预到别人那里去。

而第二个功课觉察、觉知，则是要随时随地保持一份注意力在自己的身体姿态、感受和言行上面。

如何让你兴致勃勃、不屈不挠地想做一件事呢？

　　这是由内建程序决定的，如果你不了解、觉知自己的内建程序，那么基本上你什么都做不了，只能听天由命。

因为我和身体联结得不够，2018 年身体出了一些状况，所以，之后与身体随时随地建立一份联结，也是我的重要功课。

我在 2018 年已经开始做了一点，身体就有很大的改变了。而觉知自己的言行，其实也是我每年的愿望，一年比一年进步吧！

我一向是个雷厉风行、闪电行动、反应快速的人，所以言行常常会得罪别人或是让自己懊悔。如果能够更加觉知自己的言行，就不会受到潜意识中的内建程序宰制，而能有一些挣脱枷锁和改变反应模式的空间。

同样地，我已经在路上了，也有一些实质的改变了。

最后建议大家的新年新希望不要只是外在的一个具体事项，也要是一个内在的真正改变和转化的过程。

因为，后者是可以持续一生对你有益处的，并且将有发酵反应让你终身受益，而前者只是过眼云烟，今年达成了，明年又会有新的、更高的期望，长年累月地追逐下来，终有厌倦之日。

02

会做减法的人生，
不纠结

你是单纯地想要快乐吗？

不是每一个人都想要真正的快乐。

这句话很武断吗？

其实是这样的：每个人天生的快乐程度都不一样，它取决于你脑内分泌"血清素"（一种让人愉悦的化学物质）的能力，能力不佳的人，感受到的喜悦感就比较低。

因此，这些不快乐的人，为了追求快乐的感受，会以为外在的一些成就和事物能让他们快乐。比如：钱、爱情、权力等等。

于是，这些为了追求快乐的人，就开始了追逐金钱、爱情和权力等外在事物的游戏。追到最后，他们已经忘了自己原来的目的只是单纯地想要快乐。他们不惜一切代价地追求这些东西，而完全忘了自己的初衷。

听过一个笑话：

三个人到了火车站，看到要搭乘的火车已经开走了，于是买票在旁边的咖啡厅休息，等候下一班车。

火车又来了，三个人聊得高兴，火车又要开走了才发现，于是，他们开始追逐已经启动的火车。最后，两个人成功登上了火车，只剩下一个跑得慢的没赶上。

剩下的人看着离去的火车发愣，突然放声大笑。旁边的人觉得奇怪，问他："火车没赶上你那么开心干吗？"

他说："我才是要搭火车的人，那两个朋友是来送行的！"

就是这样，我们可能太过关注自己想要追逐的东西，而遗忘了自己真正想要的，其实就是单纯的快乐本身而已，并不是外在的那些东西。但是我们的社会、家庭、学校等各种环境，会营造出一个氛围：

你要有钱才能成功，成功了才能快乐。

美丽才会有人爱，有人爱才会快乐。

最后，我们搭上了社会成功列车，才发现，原来那并不是我们真正想要的。

快乐，是一种可以学会的习惯

真正想要快乐的人，不会得不到。所谓真正的快乐，是没有附加条件的快乐。

也就是说，在任何情况之下，我们都能够快乐起来。因为，快乐是一种习惯，也是一种技能，是可以学会的。所以，不是每一个人都真的想要快乐。

而且，很多人都受到自己内在程序（出厂驱动模式）的影响，不知道自己努力奋斗的方向是与快乐绝缘的。每个人的意识层次不同，在不同的层次，决定了你对自己的人生有多少认识，对自己的快乐有多少掌控权。

我开了抖音账号（defen123），那里的读者比较落地、务实，没有人问灵性成长的问题，90% 都是感情问题。

我看到，把爱情当成面包，每日需要它来充饥的人，几乎都是煎熬的状态。我每次的回答几乎都是：

你知道吗，这个世界上有比爱情更好玩、更重要，而且投资回报大得多的东西，可不可以麻烦你转移一下注意力，不要一天到晚盯着你的爱情看了？！

我自己的经历就是，当你被迫离开了爱情，有一段时间会非常迷茫、痛苦，会有顿失所依的感觉。但是，当你适应了以后，不去用"立刻找下家"来补偿，而能够开始自己一个人享受这个世界，这是一个女人这一生需要学会的重要功课。

当你的一手幸福（不依赖他人而获得幸福感）的比例越来越大的时候，即使天生血清素分泌不多的人，都可以在生活中找到稳定、愉悦的感受。

还有一种人，拥有了所谓的美好感情，另一半对他们宠爱、包容，但是他们视为理所当然。

在这种情况下，当然没有所谓的爱情了，因为在大多数人眼中，得不到的、有虐待性质的，才算是爱情。天长地久、平淡如水地过日子，通常会被戏精们唾弃，进而无法产生爱情的感觉，所以他们会静极思动。

上课的时候碰到好几个这样的幸运女人，自己条件好，老公多方疼爱，但是她们就是挺作的，而且婚外也有一些看起来好像比自己老公有智慧又有趣的男人。

以过来人的经验，我严正地警告这些身在福中不知福的人，一定要珍惜自己的福气，草永远是对岸看起来比较绿，不要被幻象迷惑了，毁了自己的幸福。

任何时候，你的快乐都由自己选择

抖音的粉丝纠结最多的，是嫁给一个"不对"的男人，但是有了小孩，所以无法轻言离婚。

我看了太多身边朋友的例子，如果不是因为小孩，他们早离婚了。可是，因为有婚姻、孩子等责任，他们忍下来了，熬过了最痛苦的一段长长的磨合期，最后守得云开见月明，虽然孩子上大学了，两个人还是能安分守己地继续维持生活，做成了"老来伴"。

怎么磨合？怎么忍呢？这个难度比一个人单着去找到快乐要难多了，但不是不可行的。最重要的还是"注意力"，是你关注的焦点在哪里。

如果结了婚以后，你还是喜欢风花雪月的浪漫感觉，或是期待对方负起责任养家、照顾你——后面这个要求其实并不为过，可能就会堕入失望的深渊。

看清楚他究竟是什么样的人，在他舒适做自己的时候，到底能不能为你和孩子的生活"加分"，或是至少不要带来负面的影响（酗酒、赌博、暴力），这是一个重要的检验标准。

再看看自己的"奢望清单"——体贴、关怀、挣钱养家、负责任、情投意合、互相理解尊重，那么是不是可以把这些要求降到最低，让自己在精神上独立起来？男人不一定非得是家庭收入的唯一负担者，但是他不能靠你养还给你脸色看。

他也许不会谈笑风生，不理解女人的情绪，但是至少要为家里的事情负责。

我有很多朋友告诉我，如果她们自己有谋生能力，早就离开了。但是因为必须寄人篱下养孩子，不愿意离开孩子和舒适的生活，所以也忍过来了。

那一段时间，她们发展自己的兴趣爱好，学会不把心思放在男人身上，眼光也收回来不去找他的碴。最终，男人年纪大了，会回归家庭，变得比较宅，比较黏着老婆了。

137

这些为了追求快乐的人，就开始了追逐金钱、爱情和权力等外在事物的游戏。追到最后，他们已经忘了自己原来的目的只是单纯地想要快乐。他们不惜一切代价地追求这些东西，而完全忘了自己的初衷。

　　我自己两次离婚以后，现在大多数时候都是劝和不劝离。就像我前面说的，人要学会在任何情况之下，都能够靠自己找到快乐的源泉，那么你就所向无敌了。

　　如果你真正想要的是幸福快乐，无论在任何情况之下，你都可以选择快乐。至于这个婚到底离不离，没有任何人有资格告诉你。

　　不要忘记自己最终的人生目标，不要陷在情绪里面胶着、纠结，把自己的身体顾好，存一些钱，找到自己精神喜悦的独立来源，交一些志同道合的好朋友，确定自己要的是快乐幸福，而不是一出又一出的滥情戏。

　　那么，你的人生就没有交白卷，算得上对自己负责了。

03

**人所有的坏运气，
都有同一个起点**

很多事情，很多时候，我常常会感到身不由己；也有的时候，回过头去看自己以前的所作所为、所思所想，觉得自己当时身不由己。

这是怎么回事呢？**这就是我说的"潜意识自动化程序运作模式"，如果你不认清它，脱离它的宰制，那么你的一生就会被命运和随机、巧合、因缘所操控。**

这让我想起了我看过的一部电视剧《黑镜》。

如果这个世界可以打分

《黑镜》是英国的电视剧，每一集都是独立的剧情，就像电影一样，主题都是有关未来科技把人类的生活扭曲成什么样的暗黑设定，有的剧集还真的挺发人深省的。

我说的是第三季的第一集。

剧中把我们给别人打"五星好评"的习惯无限扩大到了生活中，每个遇见的人都可以互相打分——而分数，则是非常重要的。

它牵涉到你能不能在一个公司上班，是不是获得别人的欢迎和重视，甚至有些餐馆、会所、酒店都规定要 3.5 分以上的人才能进入享用。

故事从女主角蕾西想要入住一个高档社区开始。社区价格太贵，她承担不起，但是 4.5 分以上的人可以打八折，蕾西是 4.2 分（分数挺高的，否则她也不能住进去），所以是有希望的。

为了快速"加分"，她需要很多分数高的人给她五星好评，所以，蕾西和她的发小——以前背叛过她、一直欺负她但是现在非常风光的"高分"人士娜娜——联络上了，并且蕾西很高兴地得知，娜娜要和另一位"高分"男子结婚，婚礼会有很多"高等"人士参加。

娜娜居然还念旧情，邀请蕾西参加婚礼，谈谈她俩小时候的事。娜娜觉得，这会为她"长脸""加分"。

蕾西欣喜若狂，交了房子的定金，准备在婚礼上发表感人肺腑的演说，一次就把分数加到 4.5 分。

噩梦从她的飞机航班被取消开始——蕾西打定主意要搬进豪华高档社区，定金都交了，所以她必须把自己的分数抬高。

在短时间内提高那么多分的唯一可能性，就是参加娜娜的婚礼并发表演说，而航班取消是致命的障碍。于是，蕾西在机场发飙，这反而导致她的分数被扣了整整 1 分，而且会持续二十四个小时。

接下来就是一连串的噩梦：因为分数差，只能租个烂车，而租的车没有电了，又因为款式老旧无法使用路边的充电设备。

打电话给娜娜，娜娜看到她分数变得那么低，就生气地说那你就别来了！但是蕾西打定主意不能不去，她想尽了各种方法，搭便车、借车，把自己弄得狼狈不堪——而且分数更少了，她却连婚礼的场地都进不去。

最后她偷偷地溜进去，如愿以偿地抢到麦克风发表演说，但是那个时候的她，不但狼狈不堪，而且神志已经不清楚了，胡乱说一通，分数直接降到了 1 点多，而且，最后，由于私闯她不应进入的地方（婚礼现场），而被逮捕入狱。

看见你的身不由己

蕾西从航班被取消之后，就已经开始身不由己了。她完全忘了自己这么努力的目的是想要住个好社区，找个好男人，后面她的所作所为，完全往相反的方向走去。

我们是不是也常常这样，出发之后，就忘了本次行程的目的地？

我观察到，每次的身不由己，其实都是因为我们自己已经有了一个既定的议程、脚本，希望事情按照我们想要的方式和时间进行，好完成我们的心愿。

我们太过执着于自己想要的和不想要的，最后可能导致我们最不想要的情况发生。

如何破解这种"身不由己"呢？

首先，我们需要看见自己的身不由己，看见就可以拉开距离了。

就像前面说的女主角蕾西，她如果在机场发现自己的心太过急切，身不由己地被迫要不顾一切地去参加婚礼，就可以缓下来，问自己：我要的到底是什么？我现在这么做对我真正想要的东西有帮助吗？

这个时候，她可能就不会急得像热锅上的蚂蚁一样，做出许多自我破坏的事。而我发现，让我们身不由己的，正是事情"出差错"的时候。

所以，我们需要正确看待生命中此刻的困难或问题，把它们看成来帮助我们成长、扩大心量和提高眼光。

如果只是逃避，我们就错失了宝贵的成长功课。比方说缺钱这个问题，如何在缺钱的情况下，看到自己内在的匮乏和对金钱的恐惧？

143

我们可以在自己的思想层面做工作，让自己不再对金钱那么敏感——这需要很多自我觉察和观照的功夫。

我以前就对有钱人反感，当我发现之后，每次我想批判有钱人时，脑海里就会亮起一盏红灯，告诉自己，有钱人其实挺好的，并不像我想的那样。

这样逐渐修改，我对有钱人的反感和敌意就消减了很多，否则，一个对有钱人有意见的人，自己是不会成为有钱人的。

又比如，你现在单身，觉得很辛苦、不习惯，也可以把它当作一个考验，让你学会与孤独相处。学会这一招以后，对你未来的亲密关系将会有莫大的帮助。

因为你精神上可以独立了，未来就不会和另一个人过于紧密地黏在一起，也不会过度依赖另一个人，那你未来亲密关系的质量和运气都会变好，这是肯定的。

所以，面对我们生命中的问题和困境，让自己变得比它更大、更好是很重要的。

如果只是想消除它，就像没有钱，你就是想挣钱，可是内在的匮乏感、恐惧感没有消除，即使钱来了你也守不住，或是无法好好享用它。

如果只是找个男人来填补空虚，那你很可能在精神上又形成依赖了，也会因此而拿着放大镜在关系中找蛛丝马迹，为的是确认这个人不会消失离开。

再举一个例子：健康情况不佳。

其实面对生命中的问题，我们都需要先去接纳、臣服。因为一旦接受了，你就不会有那么多的恐惧。如果出于恐惧，被情绪驱使去做事、行动的话，多半都会坏事。

当你接受自己的身体可能会出一些状况的时候，你可以努力去寻找一些补救的方案，也许是改变饮食习惯，也许是开始练瑜伽、健身，总之，不要像蕾西那样乱了手脚。

所以，把困境当成滋养、帮助我们成长的肥料，而不是当成麻烦、阻碍，想要除之而后快（那就会陷入身不由己的境地了），是非常重要的。

　　这其实是一个一劳永逸的做法，因为我们的人生不可能总是一帆风顺，困难、险阻总是会有的，学会了真正扎实的内在功夫，有了力量，才能够轻松愉悦地驾驭我们的人生。

04

控制与被控制，
捆绑的是个人的自由

生而为人，我们就免不了在关系中遭遇一种情况：控制！

也许是我们控制别人，或是别人控制我们，总而言之，这是一个千古流传的议题，想要控制其他人的人，都是出于恐惧（缺乏安全感），没有例外。

以爱为名的控制其实最为恐怖，因为所做的事情全是为了自己，不是为了被控制的那个人，但是理由——因为爱你——似乎让人无法反驳。

小心关系里累积的"怨气"

徐峥导演的《囧妈》，我原以为是一出延续以往"囧"风格的笑闹剧，没想到最后竟让我止不住地飙出了眼泪。

　　毋庸置疑，这是一部好笑的喜剧，我好几次笑出声来。但是，这部电影的重要泪点其实是母子之间的关系，以"控制"为主题发展出的一系列剧情。

　　徐峥在片中饰演的徐伊万是一个婚姻失败的失意者，为了报复坚持要离婚的老婆（袁泉饰演的张璐），使出各种手段来解恨。同时，他又有一个固执又控制他的母亲。

　　他一方面痛恨母亲对他的控制，但是又不自觉地"继承"了母亲控制的习性，对自己的妻子也是百般控制，最后老婆受不了，下堂求去。

　　故事最重要的矛盾发生在母子之间。母亲固执地要坐火车去莫斯科演出，伊万不放心，一直想说服她搭飞机，没想到最后被迫和母亲一起坐火车。

147

　　漫长的旅程，两个人要在狭小封闭的空间里共处，他不得不面对母亲无时无刻不在的控制，但那些控制都是以"为你好"为理由，让人无法拒绝，二人之间的矛盾也就集中爆发了。

　　为什么相爱的人之间总有那么多的冲突？其中一个很重要的原因——积压了很长时间的怨气。

　　面对亲人的控制，一开始我们总是想要迎合对方。虽然不高兴，但不愿意就此发作，所以暂时隐忍下来。

　　但是那股怨气，逐渐累积到一定程度，爆发出来的冲突就是高强度的、惊人的。片中张璐坚决离婚，也是积怨已久的爆发，一去不回头。

所有控制，都是为了"遂己愿"

家人之间的"控制"，之所以难以摆脱，是因为它是日积月累的结果，像温水煮青蛙，我们无意中被裹挟到控制之中，越陷越深，越来越难摆脱。

借着电影，我们就来探讨一下，如何不去控制别人，又如何不被别人控制。

第一，我们要意识到：自己正在控制别人，而且控制的目的其实是"遂己愿"！大多数人，尤其是父母，总是觉得：

1. 自己有资格"管"孩子；
2. 自己都是为了孩子好；
3. 我知道的比你多。

像作家三毛就说，她妈妈常常在家里走过来就塞一大把维生素在她嘴里，差点没把她噎死，然后心安理得地走开。

三毛最后过世，当然和她母亲的养育方式没有直接关系，但是，母亲的这种养育方式，肯定为她带来很多生命中的压力和不欢——即使她知道母亲的这些行为背后都是爱。

这个场景，和《囧妈》中母亲一直用各种强迫方式喂伊万吃小西红柿的画面如此相似。伊万同样深恶痛绝，后来他一怒之下，把母亲辛辛苦苦带上火车的所有小西红柿，一股脑儿地丢到了冰天雪地的西伯利亚荒原中。

好不痛快！

请学会得体地放手

控制，尤其是变相的控制，常常为关系带来无比的伤害和痛苦，而且是相互的——控制方并不比被控制方好过。

当伊万一次次要求张璐成为自己想象中的完美妻子，当母亲一次次管制伊万的吃喝小事，控制与被控制，捆绑的是三个人的自由。

所以，**第二点就是：当你发现自己在控制你爱的人，效果却并不显著，反而把双方关系弄得更不好之后，你是否愿意学学优雅转身、得体放手？**

我的两个孩子假期的时候，会从美国回来看我。

女儿爱美，大冬天的北京，她出门还是穿得不够严实。我怎么说、怎么劝，她都不听。我就允许她穿双单鞋，里面穿一件单薄的衣服，外面套一件厚夹克出门逛街。

结果第二天冻感冒了，我就找感冒药给她吃。

日后，她体内的寒湿，尤其是大冬天还露肚脐的穿着打扮，会让她有很多健康上的问题。我跟她说过，她不听，我也就不说了。

因为，等到出问题的时候，我再来帮她想办法解决就好了，就像我自己一直在解决年轻时不懂事留下的一些病根。她自己也需要

149

去面对自己的行为所带来的后果吧，这个我不可能为她承担。

但是，如果我天天为了这些事情和她争论、说教，甚至胁迫，只会把我的女儿越推越远，不但假期不想回来看我，以后问题出现的时候，她宁可自己吃苦也不会来找我，因为就怕我会说："你看吧！早就告诉你了，你不听！"

所以，看到自己在控制，同时看到控制是为了自己，不是为了对方，而且造成双方关系的紧张，这时要做的第三件事就是：咬着牙放下。

我写过一本书，最早的书名叫作《舍得让你爱的人受苦》，后来改名为《爱到极致是放手》，意思就是如此。

不要以爱为名进行控制之实，有太多的家庭悲剧、各种的关系紧张，都是因此而发生的。

所以，看清楚自己的恐惧（不安全感），并且学会和它相处，看穿它是一个幻象，是一种我们习以为常的情绪习惯，并不是真实的存在，就不会被它驱使去控制我们爱的人。这是一门需要经过不断挑战、修正、练习，然后才能实践的功课。

在关系里，自我负责

如果你是被控制的人，那该怎么做呢？

首先，我们看到，如果你被某人控制，那一定是因为你有所求、有所图。你希望他爱你，你希望他快乐，你希望和平、和谐（不想制造冲突）。

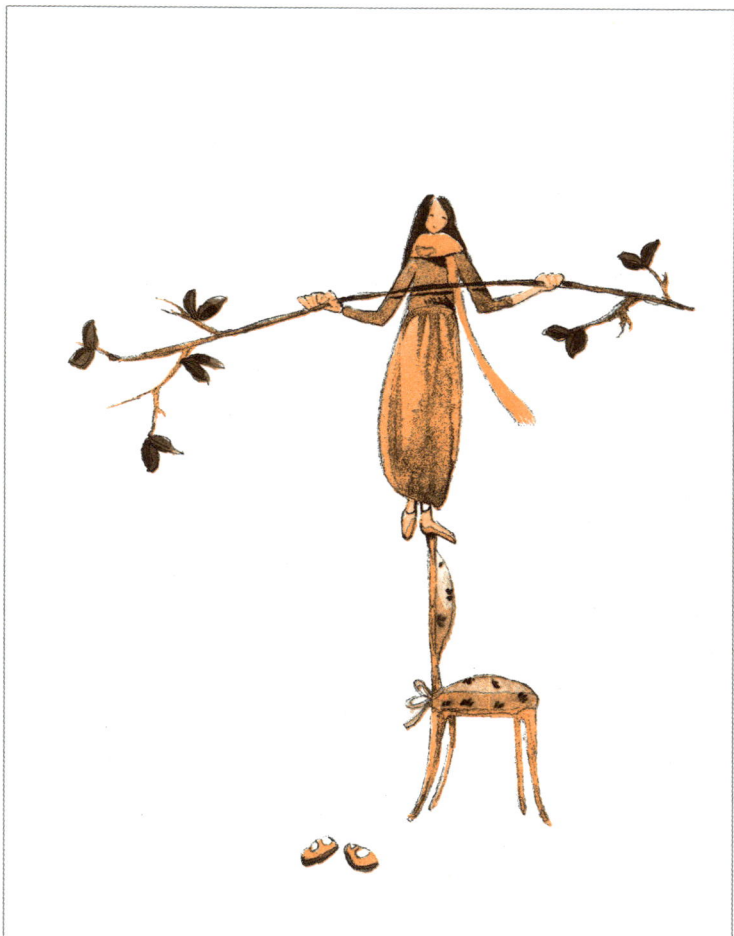

　　家人之间的"控制"，之所以
难以摆脱，是因为它是日积月累的
结果，像温水煮青蛙，我们无意中
被裹挟到控制之中，越陷越深，越
来越难摆脱。

就是你的"希望"，为自己带来了软肋。但是，这样会埋下一颗"定时炸弹"，就是我前面说的：关系中的怨气。

怨气越累积，将来爆发出来的时候，对彼此的伤害就越大。所以，自我负责的意思就是：看到自己在这种控制关系中，应该要负的责任。

了解到这一点并不容易，要经历无数次的冲突和磨合。电影中，爆发的伊万和母亲大吵一架，母亲径自下了火车搞失踪，他放心不下，立刻追上去，结果两人一起遇到了极为凶险的遭遇，在生死攸关的那一刻，彼此终于有了和解的机会。

那一刻，伊万的内心松动、软化了。他看到表面好强的自己，面对母亲、面对妻子，是一个硬汉子，但其实内心是缺乏安全感的。

也是这一连串的遭遇让他领悟到：控制并不能为相爱的双方加分，所爱之人做出我们不喜欢的事，如果我们以负面的方式去回应，只会让两个人都更加痛苦。

于是，他又变回当年那个有血、有肉、有情的男人，承担起自己在关系里的责任，愿意以祝福和感恩送走已经不爱他的妻子。

被控制的人有一条软肋，就是"心软"。

心软是因为当我们拒绝对方，看到他们的失望和伤心，我们无法和自己内心的那种心痛、愧疚、难过的感受共处。

如果我们能够有意识地和这样的感受待在一起，去看看这种感受从何而生、对我们的影响又是什么，最后又是如何离开的，那么这种感受就被我们接纳和看穿了，我们就不会被它驱使，受别人控制了，这样反而更能把关系处理好。

所以，面对那些动不动就用自己"高兴不高兴"的脸色来控制你的人，如果你有本事和自己的愧疚感、不舒服的感受待在一起的话，他们就奈何不了你。

所有的问题，唯有在我们承认并且愿意去面对、负责的时候，才有机会被解决。时间，也许能够治疗伤痛，但它是不会解决所有问题的。和解，永远需要契机。就像《囧妈》这部电影，看热闹的人会觉得好笑，看故事的人会觉得它深入探讨了家庭里最难面对的关系。无论如何，相信你看完以后，回家会对妈妈好一点（至少给妈妈一个拥抱），也会对自己爱的人更和善一点，这就是大功一件了。

153

05

你的自我价值感，
是否建立在别人的认可和赞赏上面？

破除内在对男性情感上的依赖

2020 年两会期间，代表们提出了很多与女性相关的议题，包括：离婚冷静期、单身女性辅助生育技术（冻卵合法）、夫妻一起休产假、延长男性配偶陪产假期、离婚过错方不分或少分财产……这无疑是这个时代，对于"男女平等"的一项助推之力。

是的，时代对女性越来越慈悲，以往我们是嫁鸡随鸡、男性至上，但是现在，女人挣钱的能力并不比男人差，性别、年龄、职业、角色等的限制，正在一一瓦解，给了我们前所未有的自由和空间。

而且现代的父母逐渐发觉，自己晚年的时候几乎都是女儿出力多，而儿子，不是在忙自己的事业，就是被另一个女人牵绊着，无法也无心尽孝。所以说，女人越来越吃香，一点都不为过。

但是，随着女性主义的抬头，我们女人是否足够争气，在社会上，在婚姻关系中，可以为自己赢得应有的地位？

记得我刚结婚的时候，我告知丈夫，我的工资要拿一半回家给父母。他说："不可以！"我很震惊，问他为什么。他说："现在你没有家了，我们组成了家，这是我们的钱，你怎么可以拿我们的钱给你父母？"说得好像有点道理，而且我以前是比较传统的妇女，觉得嫁了老公要以男人为重，所以就忍气吞声地同意了。

我当时竟然忘了问他："既然是我们的钱，为什么你一个人决定这个钱怎么用？"

我潜意识里好像觉得婚姻里面男人说了算，应该要听老公的，竟然无力为自己争取该有的权益。

后来我听到一个非常好的方法：两个人挣的钱，自己留下一部分可以自由动用，其他的作为"公款"，可以家用、共用。

当时的老公坚决反对这个方法，他太没有安全感，对金钱过于执着、抓取，他和我的金钱观真的是南辕北辙。

所以，我当时在婚姻中的遭遇就是：以男人为重，花钱都没有尊严。

举这个例子，是因为我看到很多优秀的女人，到现在还是有这种"以男人为重"的观念。这不但是中国社会几千年来潜移默化的余毒，更是家庭教育没能及时跟上时代的缘故。

155

亲密关系中的底气

除此之外，还有一个问题，就是女性在情感上依赖男性。这种"委身于男人"的观念如果不破除，光是法律的演进也帮助不到我们妇女同胞们。

所以，我们作为女性，在关系中，是需要"有底气的"。这个底气来自以下几个方面：

经济的独立自由——女人一定要有私房钱，财务方面一定不能完全仰赖男人，否则这个底气就无法建立。

但如果说，你的老公就是比较会挣钱，让你可以安心在家带孩子、照顾家庭，你也享受这么做，那么，一定要"月领工资"，事先要说好。

很多人觉得在婚姻里谈钱好俗气、伤感情，其实，不谈钱（说清楚）才真的伤感情。

我是到了离婚才发现，我和前夫的金钱观差得不是一般地远，回想我们每次吵架，也几乎都跟钱有关，感情就是这样一点一点被磨掉了吧。

如何理直气壮地月领工资？很简单，我们对自己的"价值感"一定要自信满满。和老公交涉每个月你在家带孩子、不出去工作应该得到的酬劳，让自己有能够自由动用的金钱，这样在婚姻中，才能够有足够的底气，不会演变成寄人篱下的局面。

不要贪心——想要在关系里有底气，不贪心也是很关键的。

所谓"不贪心"，就是不贪图多余的金钱，不爱慕虚荣，如果你觉得更多的钱能够带给你更多的价值，那么你真的需要上个人成长课程做出改变，因为这样的价值观会为你的生命带来很多苦恼和虚空。

另一种不贪心，就是不能把老公据为己有。除了做丈夫，他也是儿子、父亲、雇员、老板、朋友，他拥有的个人空间越大，其实你们的婚姻就越稳固。

越是紧紧地抓住他，你们的婚姻越有风险。彼此留有空间和时间，真的是婚姻的大补药。能做到这点的女人，在婚姻中就是有底气！

精神独立——检查一下，此刻你生命中的乐趣、成就感、存在感，有多少是这个男人和这个婚姻带给你的？

157

比例太高的话，你就是把自己置于险境之中了。女人要找到自己生活的乐趣、生命的价值，这些东西必须来自自己对生命的探索和成就，而不是依附在一段关系或是一个人身上。

和其他家人的关系——如果和其他家人关系很差，你的底气就不会很足。

有个支持你的婆家当然重要，但是全力支援、接纳你的娘家也是有力的后盾。然而在建立良好关系的同时，最忌讳的就是去讨好。

每一次的讨好，都会让自己在对方心目中的价值贬低一些，我不懂为什么那么多人还愿意委屈自己去讨好别人。

如果你观察到了自己的讨好，可能要检查一下，你的自我价值感是否建立在别人的认可和赞赏上面？

看到了这点之后，可以借由个人成长的旅程去修正、改进，逐渐地，你可以不需要去讨好别人，而能够回来安安心心地做自己。

自己的价值不是外在的东西可以代表的

尚文是个吃货，他很想讨好年迈的父母，所以就买各种好吃的东西来取悦父母。偏偏他的母亲是个非常挑嘴的人，每一次尚文买的东西她都不满意，总找得出理由来批评。尚文很气馁，但是父母年纪大了，他也不知道如何获得父母的认可或赞赏，每次试不同的小吃、精美的菜肴，都不得要领。

尚文的妹妹小珍是个比较有自信、有个人成长动力的女孩，一次母亲节，她点了外卖全家一起吃。

母亲从头到尾对每一道菜都挑剔、嫌弃，小珍笑了，跟哥哥说："你看，如果是你买的，你一定很难过吧？！可是我完全不会介意。这家东西不好吃，下次就不买了，我没有任何难受的情绪。因为，我买吃的只是为了过母亲节，不是为了取悦、讨好他们，所以，他们喜欢，我很高兴；他们不喜欢，我也能接受，不会难过。"

更重要的是，尚文可能把一部分自己的价值，依附在他所购买给父母的食物上。这样说来有点可笑，但在我们的生活中，这种例子比比皆是。

所有与我们有关的东西，包括我们赞赏、推荐、背书的东西，都承载了我们的自我价值在里面，所以我们常常会不自觉地护卫这些东西，而让自己底气全无。

看到自己的价值，不是这些外在的东西可以代表的，是非常重要的一个成长指标。

慧玲是一个付出型的人，她总是勤快地招呼、照顾周围所有的人，有的时候对方还不领情，弄得她精疲力竭而且还不高兴。

慧玲也在纳闷，为什么自己总是这样吃力不讨好？

我跟她说："你的付出后面有很多原因。首先，可能你小时候必须照顾体弱多病的妈妈，所以弄得自己八面玲珑、千手千眼的，特别能干，习惯性地想为别人做事。如果你自己享受就罢了，偏偏你自己不高兴，那就表示，你付出的背后，是有钩子的。这个钩子可能是：我要有用！！也可能是：我要你感激我！！我付出了十分，你哪怕还我一分也好——最后却落得失望。这些动力的背后，都是无价值感的悲哀和希望被肯定、被看见的落寞。"

慧玲也懂了，她在家族里就是一个勤劳的发动机，所有事情都落到她头上，大家也乐得轻松。

她也知道，因为自己从小卑微，所以总喜欢讨好别人、取悦他人，以获得肯定、赞赏和关注。到最后累得要死，可能也得不到自己想换取的东西，其实是咎由自取，怨不得别人。

像慧玲这样的人，就可能没有底气具足地做自己。她总是想方设法地讨好、取悦他人，自己累死，别人烦死，还得不到认同。

在关系中，你越有底气，其实就越能够得到对方的尊重；越是清楚自己的界限，就越能够维持一个和谐美好的关系。

要能做到，就必须把自己的存在感和成就感的来源、兴趣点，都放在对自己有利的事物上。

比如，你喜欢厨艺，不是为了做出精美菜肴以换取别人的赞美，而是在过程中就很享受，那就是值得你花时间和精力的地方。这个厨艺可以延伸到其他各个方面——那些能够让你陶醉其中、无须仰赖他人眼光的事物。

另外对我们有利的事物就是成就人、帮助人的事业，一旦你成功，不但自己开心，更能够帮助到别人，这个靠谱！！

此外，在我们自己的身体上下功夫也是非常棒的投资回报项目。

锻炼身体，让我们的体态优美，不但自己精气神好，整个状态就是让人看了舒服，自己也开心，这个也是投资回报最靠谱的项目之一。

用力地爱人、尽心去讨好、在别人身上刷自己的成就感和安全感，永远无法让我们女人在关系中有底气。

时代的变化给了我们无比的优势和契机，我们千万不要辜负了时代，最重要的，不要辜负了自己。

生而为女人，是幸运的。加油！！

06

不要在亲密关系中
失去自我

很多人家里，都有一个做甩手掌柜的老公，或者叛逆不孝的儿子，这样的男人，是怎么来的呢？

最近一个朋友告诉我，他多年的一位好友玉玲，癌症末期了，老公、儿子都不待见她，也都不照顾她。

朋友认识玉玲一家多年，觉得她老公是个不错的男人，没想到会这样对待自己的发妻。

我听了以后，非常"职业性"地想探究，玉玲这些年来，到底做了什么事情，让老公和儿子变成这样的人？

你的关系，都是你雕刻出来的

为这两个男人贴标签、骂他们是冷血动物，是非常容易的事情，但是，亲密关系、家人关系是长远、持久的，所以，永远都是一个巴掌拍不响的。

就像我以前常说的"皮格马利翁效应"，我们身边亲近的人与我们的相处模式，全都是我们自己一笔一画"雕刻"出来的。他对你展现的一言一行，都是因你多年来的言行和反应而塑造成今天的模样。

我们可以很不负责任地下定论说，玉玲就是个可怜的受害者。可是这样的论调，对她和我们这些旁观并想学点功课的人一点帮助都没有。

我的提问，朋友无法回答，他也没有观察玉玲和家人之间的互动是怎么样的，但是，他陆陆续续给了我一些资讯，让我对这一家人的关系和相处模式有了个大概的图像。

玉玲长相普通，身材微胖，聪明能干，来自农村。而她老公，相对而言，条件比较好一些，这可能就让玉玲在婚姻中一直处于讨好的弱势。

对男人而言，如果女人把家务活全部包揽，他当然乐得清闲，做个甩手掌柜。

玉玲是传统妇女，加上天生勤奋能干又自卑，所以一定会养出一个懒散、依赖她而且又有优越感的男人。

果然她老公长年不做事，靠她养家，自己日子过得悠闲，有很多嗜好，就是对这个老婆没兴趣，不关心也不照顾。

所以，答案很清楚了，这个听起来冷酷无情的老公，其实就是玉玲自己培养出来的。

别让你的付出，变成理所当然

刚知道她得了癌症，老公可能也表示过一些关心或在意，但是我可以想象玉玲是如何用独立、坚强、能扛事的态度，把她老公最后的一点点同情和关心都化解于无形的。

这说明了我们人类内在的强大：你相信什么，就会实现什么；怎么栽种，就如何收获。这个道理千古不衰。

玉玲来自一个卑微的家庭，自我价值感很低，嫁人以后，更是以一贯卑微的态度对待老公和儿子。

显然她运气也是不好，这两个男人没啥自觉和良知，被这个强大、包揽一切的女人宠得心安理得，也就乐得啥事不管，而且不珍惜、不感激她。

玉玲的儿子据说小时候就秉性恶劣，常常欺负其他小孩。这样的孩子，肯定是在家里得不到爱，才会有这样的行为表现。

写到这里，我真的非常心疼玉玲，她是完全无意识地活在自己的人生剧本当中，没有想过其他的可能性。

爱老公，爱得不得其法；宠儿子，宠出了一个外人口中"没有良心"的逆子。

所以，她的人生出厂设置的程序就很不好——属于苦命一族。

而她未能有幸知道"自我成长"是什么——改变自己的行为模式，就能改变你身边最亲近的人，进而扭转自己的命运。

最后，她的命运就是：一生养家糊口，没拿过男人的一分钱，

163

都在为家人付出，却没有获得过关怀和感恩，最后得了癌症（不生病才怪），还要自己跑医院，没有人陪伴、照顾。

如果让我剖析玉玲的生命模式，那就是，她自己内在的不配得，展现于外在的讨好和包揽一切的行为上，如此造就了两个理所当然、习以为常的男人。

她，就是受害者，而两个男人，就是不知好歹的加害者——这就是她内在的运作模式创造出来的。

在关系里，要有温柔的坚持

女人在家中，能量是最强大的，她是负责引领全家的人。因为女人不但坚强有韧性，更是会细心照顾家的人，她的精力大部分是奉献给家庭的。

但男人就不同了。如果女人能干，那么显然男人就会把更多的心思放在家庭以外的地方。

婚姻中，男人都是需要再教育的。你要巧妙地引领男人，走向你想要的那个地方，这需要一定的智慧——清楚地知道自己想要什么，并且如何得到自己想要的。

很可惜玉玲没能意识到这一点，她的一生，就是一个悲剧，让人心疼扼腕。后来听说，她在生命还剩下一年的时候，坚持离了婚，还给了男人一些钱。真的是让人太过寒心了吧！

所以，即使你很爱一个人，也一定要守住自己的界限——说清楚：这是我可以付出的，而那是你可以做的，我们两个人一起努力，以打造一个美好的家庭。

我以前也说过，在关系中，温柔的坚持、脆弱的要求是非常重要的。也就是说，**在一份关系中，我们的"底气"一定要足，一开始就要坚守自己的界限。如果你越界了，我会轻轻地把你推回去，告诉你，这是不可以的。**

这个功课，我是到了五十多岁才学会的，希望我的读者们，能够借助我的经验，早一点学会"坚守自己的界限"的重要性，不惜一切代价去维护自己的界限，才能让你过上想要的生活。

所谓"不惜一切代价"，包括惹怒对方、失去和谐，甚至失去对方，这在亲密关系一开始就要摆好姿态，日后再改，就来不及了。

如果我们真的清楚自己要什么，又不在意对方生气甚至离开，那么我们每次维护自己的界限和争取自己的权益的态度就会柔软、温和、归于中心，这也会让对方比较容易接受和退让。

165

不在关系里失去自己

关于教养孩子，我想起小时候自己的经历。

我妈妈是个非常能干的家庭主妇，所有的家务活都由她一个人扛下来。她认为我成绩好，所以尽量不让我帮忙做家务，以免影响我的课业。

其实，这是不正确的想法。

因为，教导孩子帮忙做家务，是非常重要的孩童教育，至少，不能让孩子觉得自己天生就是应该被伺候的。

印象中，有一次妈妈买菜回来，手上提了好多塑料袋，手指都被勒出紫黑色的痕来。她在公寓一楼按电铃让我开门，我记得我一边开门一边不高兴地嘟囔："自己不会带钥匙啊。"

帮她开了门，我也没下去接她或是帮她拿东西，就继续去看书了。

长大以后，我很幸运地有了觉知，知道自己这样做是不对的。但是，我更觉得妈妈没有教育好我。

作为一个孩子，我很无知，需要大人引领教导。所以，我的孩子，虽然他们从小就有保姆，可是，因为我懒，再加上童年时候的教训，所以我总是会训练他们帮我做事。

后来两个人上大学了，虽然他们没有洗过自己的衣服，也没有拖过地，但是我就放手让他们自己去美国，自己处理住宿的事宜。

当孩子对你没有期待，不依赖你的时候，任何事情他们学得可快了。

而我，始终就是那个处理外面事务很灵光、很有办法的妈妈，但是家里的事，拜托，别让我做。

所以，我"雕刻"出来的两个孩子，从来不指望我会照顾他们的饮食起居，但是在其他的事情上，他们在心理层面相当依赖我，和我无话不谈，情同好友。

生命中有任何的困难、问题，他们一定第一时间来找我商量。听了玉玲的故事，我问儿子，妈妈将来生病了，如果只剩下有限的生命，你会不会来照顾我？

儿子听了立刻就说，当然会。第二天，他又发来了一张图片，上面写着：没人会像你妈妈一样庇护着你，趁她在的时候好好爱她。

儿子还说，你生病了我一定辞职回去照顾你。

然而在他小时候，我可不是一个好相处的母亲，我很爱孩子，但是我从不受威胁，很有自己的底线和底气。吵架时，他威胁我，我从来不吃那一套。

但是，我全然支持他，不控制他（作为一种尊重），只是单纯地爱他，所以，孩子对我又敬又爱。

我也问我女儿，将来妈妈老了，你会照顾我吗？

我女儿笑着说："你放心吧！你一直那么爱我们，而且，我亲眼看到你是如何对待奶奶爷爷和姥姥姥爷的，我不可能不孝顺。"

所以，爱一个人，无论是父母、爱人、孩子、朋友，我们都不能在关系中失去自己，一旦失去自己，就可能养出甩手掌柜的老公和大逆不道的孩子。

并且，在关系里要时刻警惕：我正在把我们的关系带往什么方向和模式中？我有没有守住自己的底线？我是否因为讨好、求和而一再退让或是妥协？我要求对方的，自己有没有做到？

身教重于言教，就在于你表现出来的态度：你打心眼里觉得自己是值得被尊重的，对方就会尊重你；你打心眼里觉得自己不配得，对方就会轻忽你。

理直气不壮，是我们在关系里要好好学习的功课。

167

我们常常被自己的惯性思维、情绪模式牵着鼻子走，

甘愿做它们的奴隶。

所以，当人生困境浮现的时候，

我们第一个要去面对的，真的不是外境，

而是我们内在的运作模式。

PART

5

**深度疗愈负面情绪，
收获爱与喜悦**

~

01

余生不长，
时间只偏爱这四种女人

这三种人，老得最快

随着社会的快速发展，人类老化的速度似乎变快了。越来越多的"90后"开始早生华发，甚至用生发水。当然，更多的人英年早逝。

很多"70后"甚至"80后"看起来都相当有年龄感了。年龄感这个东西究竟是如何累积的呢？哪些人会老得快呢？

首先，就是那些封闭自己内心、不去接触自己不喜欢的感受和情绪的人。当你把自己不喜欢的情绪硬生生地阻挡在心门外时，你也阻挡了自己童真的快乐。

其实，最强大、最冻龄的人，都是能够接受自己内心羞愧或是可以被人瞧不起的人，因为不害怕这些负面感受，所以内心强大。

　　不是说他们没有这些负面感受，而是他们学会了和这些感受相处，能不被这些感受驱使，做出一些不利于自己的补偿行为。

　　比方说，大部分的男人都很不喜欢和老婆沟通一些比较敏感的话题，比如要拿钱回家给自己的弟弟妹妹。由于很难开口，于是他们干脆直接拿钱回去，不和老婆商量，这反而造成了夫妻之间更大的纷争。

　　我的一个朋友就跟我抱怨过，她老公拿钱回家从来不跟她商量，她也不是不通情理的人，可以理解婆家的需求，但是男人这种不愿意面对所以不商量的做法的确相当折磨人。

　　长此以往，这样的人会更加封锁自己的感情通道，变成像一个毫无人性的机器人，内在憋了那么多的情绪，自然容易变老。

　　其次，就是那些善于对自己说谎的人。他们不仅仅是欺骗他人，还欺骗了自己。

　　用各种借口为自己不负责任或者不愿意承认失败无能的状况开脱，好让自己不去面对令人棘手的婚姻关系、事业、健康、亲子关系……

　　于是，心事越来越多，越沉重。这些沉重的能量，会以不同的形式呈现在我们的身体上——皱纹、脂肪、驼背、含胸、气阻……

　　我一直很喜欢仓央嘉措的一首诗：

　　　一个人需要隐藏
　　　多少秘密

才能巧妙地

度过一生

这佛光闪闪的高原

三步两步便是天堂

却仍有那么多人

因心事过重

而走不动

地球就是一个游乐场，有些人玩得开心，有些人玩得不开心。玩得开心的人，肯定不是心事重重，而是能够放得开、不多想的人。

勇敢直面自己的问题，愿意找人倾诉，这也是非常重要的冻龄方法。越来越多无法与人分享的秘密，塞在身体之中，的确为身体带来老化的负担。

最后，就是那些没有好好照顾身体的人。

年轻人的生活，通常都违反了传统中医的养生方法。吃冰的、油腻的、辛辣的食物，不运动，晚睡晚起，不吃早饭而且暴饮暴食，寒冷时不注意保暖，让寒气侵入身体。

二十五岁以前的身体，面对这种生活方式还可以勉强支撑，但也因人而异。很多年轻人身体出现问题，就是因为不好好保养自己的身体。

现在更是因为电子产品太多，智能手机让这一代年轻人的健康受到巨大的影响，老化就更加速了。

修炼无龄感的四个方法

所以，根据上面的说法，如何冻龄就很简单了。

第一，让自己的情绪流动，不要害怕各种负面的情绪，可以跟自己对话，大声说出来。比如："我此刻很愤怒，我很自卑，觉得别人都在嘲笑我。"

让情绪能量自然流动，也许说到最后，你会笑出来说："嘲笑我又怎么样？他们能把我怎样？爱谁谁。"

也许我们小时候不被允许表达自己的情绪，没有人理解我们的痛苦、悲伤、自卑、恐惧，可是现在我们成年了，可以照顾自己的情绪。

如果能像孩子一样，想哭就哭，想笑就笑，不压抑、否认情绪，那么，我们看起来一定就比自己的实际年龄来得年轻。

第二，不要为了让自己舒服、有面子或是怕被责罚而说谎、夸大、隐瞒事实。

我们已经不是孩子了，不会因为这些事情而遭受我们无法面对的责罚。越是愿意为自己的行为承担责任，你就越自由，内在力量就越大。

173

就是那些封闭自己内心、不去接触自己不喜欢的感受和情绪的人。

当你把自己不喜欢的情绪硬生生地阻挡在心门外时，你也阻挡了自己童真的快乐。

谎言说多了，自己都会困惑，甚至连自己都要相信了。这样的人，最终很难面对自己，内在会有很多的冲突和内耗，自然看起来不会年轻。

第三，维持健康的生活习惯，真的要把自己的身体当成一个宝贵的资源来对待、使用。睡眠、饮食、运动，这三项都要均衡、标准。

第四，培养自己的好奇心和探索心。

其实，只要你不压抑自己的情绪，没有过多的秘密和担心，那么，我们的好奇心是不会停止的。

我就是一个非常喜欢学习新鲜事物的人，虽然年纪大了以后，和年轻人比起来，学习新东西没那么快、那么好了，但我还是不愿意放弃。

我愿意探索这个世界，往自己未知的领域去前进。这是一个非常好的特质，也是年轻的秘方。

一成不变、始终如一的生活，不是我想要的。在自己的世界里，培养永不厌倦的各种兴趣、爱好，是一个人可以优雅老去的绝佳保证。

根据我的观察，很多看起来年轻的人，其实都有一点童心，说白了就是有点"幼稚"。

我就一直拥有不属于我自己这个年龄的天真，虽然有时候过于天真会比较容易受伤，但是我喜欢这个特质，不想改变。

正如我常说的，当我们天生的"倾向性"运作不良的时候，我们可以找那些天生就有这方面优势的人去学习。比如你是一个早熟

175

的孩子，没什么童心，也不太会玩乐，看起来老气横秋的，那你就要去学习、仿效那些天生就有你所没有的特质的人——那种有很强烈的好奇心，对生命充满热情的人。

如果你想要一个不一样的、年轻的人生，可能就要学习那些活到老，学到老，玩到老的人，不停地去改变自己、探索自己，强迫自己离开舒适区，去尝试不同的可能性。

这样，有一天，你真的老到不能动的时候，你躺在床上，会觉得这一生毫无遗憾，因为你尽力让自己活得精彩、自在、开心了。

没有挫折、麻烦、痛苦的人生，真的不够精彩。所以，不要害怕这些横逆，让我们都活出一个"无龄感"的人生吧！

02

不生闷气的女人，
一定都有好关系

怨气，是怎么来的？

我们今天来谈谈关系里的一个重要的毒瘤——怨气。

它平常是隐而不现的，暗藏在表面和谐的关系之下，隐身在日常生活的琐碎中，蠢蠢欲动但又不真露相，就像细小的针头，时不时探出头来戳一下对方，有时候擦枪走火，就会引发轩然大波。

很多夫妻离婚，是因为表面上看起来非常鸡毛蒜皮的小事，外人不懂，但是他们自身的感受是：我已经受够了。

这就是婚姻中的怨气在作祟。

为什么会有怨气呢？

很简单，对方的一些惯常言行，其实是你非常不喜欢的，甚至侵犯了你的界限，但是对方如此不自觉，甚至认为理所当然。

而你因为从小的教养（不要随便指责别人）、习惯（不愿意为了一点小事就争吵）、思维方式（觉得夫妻之间能忍则忍）或是恐惧（担心会破坏两个人的关系），或是错误地估算自己（这点小事没什么，我可以不在乎），所以没能及时和对方沟通，因而种下了心结。

而对方因为你表露出的不在乎，就一而再，再而三地这么做。

于是你封闭了你的心，暗暗记下每一笔账，在生活中、在交流中、在互动来往中，时不时戳对方一下，作为报复。

很多人的外遇，也是在这种积压已久的怨气之下采取的报复行动；很多时候的小题大"作"，可能也是因为怨气再也忍不了的即时爆发。

有怨气，要及时解决

在一次读者见面会中，有一名读者提问，她说她和老公的关系，在外人看来很好，可是她心里不是这么想的。

她说，她和朋友出去旅行很长时间，老公都不过问，而晚上她穿得漂漂亮亮出门，很晚回家，老公也从来不管。

我正想问她是不是想用这种方式来吸引老公注意，而男人有时候是不上当的，她就用得意的语气说："虽然他每天早上会问我要不要喝果汁，他会做给我喝……"当下我就知道，她是非常自以为是的。

在婚姻中，她仗着年轻貌美，处于强势的地位。而她的男人，习惯她的霸道，甘愿屈居下风，知道过问她的事也管不了，反而更遭她嫌弃，不如不问。

但是这一不问，她更不高兴了。所以，这对看起来非常恩爱的夫妻，其实是貌合神离地过着外人眼中的恩爱生活。

当我在用心回答她的提问时，她竟然和旁边的同学自顾自说起话来，完全无视我站在台上苦口婆心地想要帮她梳理她的烦恼。

我想，很可能有一天，她会在婚姻里为她的任性霸道、目中无人买单。

也许是她人老珠黄，又没有成长，变得更让人喜欢的那一天；也许是她老公受够了她的脾气和自私，碰到一个知情解意的温柔女人，中年危机的驱使让他成为出轨的坏老公。

我们在此无法下定论，但是，我可以确定的是，她的男人一定有很多的怨气，否则不会那么封闭而不愿沟通。

另一位读者的提问也很有趣，她说在家里老公从来不和她交流、沟通，更别说赞美、欣赏她了。

因此，她累积了很多的怨气，于是，恶性循环就开始了。

她面对自己的怨气，找到机会就报复，很可能有一天老公心情好，和她开玩笑说些什么，她就突然板起脸来教训他、责怪他，让他一下子下不了台。

也有可能在外人面前，故意说老公的不是，让他难堪，以此报复（我以前也常干这种事）。

而这样做的结果，就是男人也会产生很多怨气，更加不愿意和颜悦色地和她沟通，于是，屋檐下的两个人就开始了"相敬如冰"的生活。

所以，有怨气的时候，一定要及时解决，否则，就像冰冻三尺非一日之寒一样，两个人的关系会因为彼此的隐形攻击和伺机报复而越来越糟糕。

三个方法，消解怨气

如何面对自己的怨气？

首先就是要觉察，这个觉察的功夫非常重要。没有觉察就无从改变，更无法解决关系中存在的问题。

我举一个我亲身经历的例子。

我请了一个生活助理，来陪伴我旅行以及照顾一些生活所需。我因为比较大意，没有面试，只是在视频里和她聊了一下。

我觉得她声音听起来很有力，人非常机灵、聪明，而且又做过瑜伽老师，应该没有问题，于是就让她搬到北京了。

她一来，我才发现她的身体非常孱弱，几乎比我还糟糕。

我这是请助理来照顾我的，没想到收到一个"瑕疵品"。我很懊恼，知道应该为自己的大意买单。

但我不忍心辞退她，因为她非常珍惜、重视这份工作，也很努力，甚至把她所有的家当都搬来了北京，我实在不好说"退货"。

但是要我心悦诚服地接受，我当时是做不到的。所以，我有了怨气。

于是，我对她越发不满，尤其是说到健康问题的时候，我会故意在别人面前数落她："身体比我还差！"

对她而言，身体差是从小的一个心理阴影和痛苦，对于这点她也很自卑。我戳中了她的软肋，她也不敢直言反抗，于是，她也有了"怨气"。

我们这两个"怨妇"（哈哈！）在相处上自然不顺畅。我逐渐注意到她话锋里的小刺和她有时不经意流露出的不敬态度。我觉得很纳闷。

因为我虽然对她的体力、健康状况不满，但是基于对人的厚道和体贴，我对她是相当好的。

当然，担任我的助理这个工作也的确是个好工作，多彩多姿、吃香喝辣、好处多多。

所以，观察、体会了一段时间之后，我决定找她谈谈。因为毕竟不是亲密关系，非我命门所在，我处理得相当有技巧。

我带着好奇的疑问态度，告诉她，我觉得她只把我当一件事和一个物品，没有给我温暖和感情，我们两个人的能量好像是对着干的。

"你应该很珍惜这份工作，我对你也不差，从来没有斥责过你，即使你做错了事。为什么你会这样？"

她对于我的开诚布公有点惊讶，由于她也是在成长的人，善于自省和反思（每天会记日记），她承认对我的怨气来自我在别人面前说她身体不好。

我一下子惊呆了。我竟然没有想到自己随便的一句话，会让她

181

产生这样的感受，也因此而无法由衷地善待我，即使我对她那么好。

我想起来我的确多次在谈到这个问题的时候，在朋友面前（而且是当着她的面）投诉："找个助理身体比我还差！"原来我的自我观察能力还是有不及之处！

那一次的谈话，我们前嫌尽释，她也觉得那股怨气在一瞬间就消散了，因为它被看见、被认可了。

我就想起我这张快嘴，以前是否也在亲密关系中给我的男人很多难堪？

因为我也是会有积怨的人，积怨多了，势必要"释放"，这就造成了恶性循环，反而让亲密关系越发有问题。

因此，我现在不允许自己生命中和所有的关系户有任何怨气。

我很努力地去觉察，发现不舒服的时候，会先自己看清楚这份不舒服是来自哪里，需要自我负责的时候，我会去负责；需要我去放下的时候，我会放下。

记得我以前在一段亲密关系中，就是因为有太多的怨气和愤怒，而长了一个超大的子宫肌瘤，动了一次大手术才摘除。我的健康状况从那以后就一落千丈，人也衰老了许多。

我现在总结了几个消解怨气的重要沟通方式：

1. 坦诚

这是最重要的沟通要素。如果你为了面子、自尊，为了不想让别人知道真实的你，而隐瞒了你的意图和实况，那么你的关系中，一定会出现怨气。

2. 善意

我们吵架时常常会问对方："你什么意思？！"其实我发现，大多数时候，对方没有你想象得那么有恶意。

当我们这样恶意揣测对方，并且质问对方的时候，其实已经是在定罪了。

如果你认定对方没有恶意，只是疏忽或是不知情，你其实是为自己的情绪在负责，并且给对方台阶下，对方不知道会多么感激你。

这是我自己在生活中实践得来的感触，真的不是鸡汤。

3. 不责怪

如果你能为自己的感受负责，而不是责怪对方让你感到这么糟糕的时候，你才能理性、成熟地去沟通，才能获得一个最佳的结果。

最后要说的是，在沟通之前，永远想想你的目的是什么。发泄情绪和证明对方错，是沟通的最大禁忌。

如果不注意，一段很好的关系可能就会被你破坏了。多么痛的领悟！

183

03

内心强大的女人，
身段软，手段硬，脸皮厚

几年前认识一位女企业家，她生产的女性产品相当不错，每次有新款推出，她就会寄给我。

后来我不想用了，不太搭理她，而且我用微信小号加的她，平常很少看小号，回复速度奇慢，她也不以为意，继续寄产品给我。

我后来搬了几次家，她寄来的东西都被退了回去，可是四五年了，她还是不离不弃地追着要送我东西。

我直接告诉她我不想用了，她说，新款不一样，特别好，一定要试试。于是，我被感动了。我把新地址告诉她，并且用常用的微信加了她。

为什么我会被感动呢？因为，她身上有一股不屈不挠的毅力，而且面对"拒绝"的能力特别强。那么我的问题是："你有多少拒绝力？"

接受别人的拒绝

她因为不介意我的冷漠以对，继续她想要做的事：送我东西，让我肯定她的产品。最后她寄来的东西还真是不错，让我又喜爱上了。

接下来，她终于准备收获自己四五年来努力耕耘的成果了。

她在一个平台上开微课，想要我用几句话推荐。她也发了其他名人给她推荐的话语给我看，其中也有我的朋友。

我真的佩服她，于是同意推荐了，为她写了几句内心有感而发的话，她道谢拿走就不再打扰我了。

她的成功真的就在于非常清楚地知道自己要什么，不受感情的绑架，也没有面子问题。你不理我？没关系，我继续找你，继续送你东西，不介意后续的结果。

反正也没有损失，产品的成本也不是那么高，当礼物送也送得起——最终，她得到了她想要的东西（我的几个名人朋友显然也为她的执着买单了）。

而我知道，很多人是没有"被拒绝力"的。别人一个眼神、一个犹豫的表情，玻璃心就受伤了，就不会再多问一句、更进一步了。

这样的人，就只能活在一个格局比较小的范围里。如果还有点才气的话，那还可以有点小成果。如果脾气、面子都比能力和才华大，那这个人最好不要有野心，否则他的一生都会郁郁寡欢。

我观察我的朋友们也是如此。

很多人不介意你拉黑他或删除他，被他发现的时候他就要求加

185

回，没有追问你为什么，一点气都没有，只是找你有事。

这样的人，反而会让我愧疚，觉得不应该删除人家，所以他拜托我什么事，我会格外用心帮忙。

但是有些人，你一旦删除或拉黑他，他比你更狠地把你所有的通信方式都屏蔽，或删除或拉黑，从来不问为什么，只想报复。

如果是想继续做朋友的话，其实可以好奇地探询一下，别人为什么删除你。

如果不想做朋友，那当然无所谓。但是毕竟我是个有资源的人，多一个朋友总比没有好，为什么不进一步探讨一下呢？也许可以让彼此的心结都解开，成为更亲近的朋友。

所以，能够有"被拒绝力"——接受别人拒绝你的能力，其实是快乐、成功的一大要素。

被拒绝，跟你本人没关系

我就看过很多条件不好的男人，被拒绝力非常强，死皮赖脸地追自己的女神，猜猜，结果怎么样？几乎都会成功。

别人拒绝你，有的时候真的和你好不好、重要不重要没有关系，只是当时的情况造成的而已，没有你个人的原因。

我自己的被拒绝力也不怎么样，所以还在修炼当中。学会理性地处理事情——不把"被拒绝"等同于"对方不尊重我，我丢了面子"，这是非常重要的。

有一次我邀请一个多年的朋友来我们平台开课，他一直没回复我。我心里就有气，觉得你不来也可以回复一下，怎么这么没有礼貌呢？

后来我想，可能他的"拒绝力"（拒绝别人的能力，我们接下来要说的）比较差，不敢拒绝，所以就不回。

后来我有别的事情拜托他，还是硬着头皮跟他说，他欣然同意帮忙。我嘟囔了一句："上次发微信给你都不回。"他说自己忙忘了。

其实我知道，他是不好意思拒绝我，但是，给我的感觉反而更不好。

我们所谓的个人成长，其实更重要的是在待人接物的处事态度上成长，而不仅仅是"个人感觉"上的成长。

所以，"拒绝力"和"被拒绝力"同等重要。

我以前有一个朋友说他微信好友只有一百个，按照有情、有用、有趣来留人。这个人算是相当任性的了。

我基本上也不喜欢随便加人微信，现在超过一千人的朋友圈都让我有点吃不消。因此，我微信的个性签名就是：勿随意加我，没事不聊天。

但是有很多朋友还是喜欢有一搭没一搭地发微信给我，尤其是逢年过节的时候。不回好像不礼貌，回复又耗费我的时间和精力。

所以，我开始让助理帮我回，并且让对方知道是助理回的，希望下次别发了。

有一次一个朋友问我一些事情，他平常就非常啰唆，动不动就发好多条五十秒以上的语音给我，我看了就怕。他实在是太闲了吧？于是我说，我让助理跟你说。

他立刻就有点不高兴了。所以他的"被拒绝力"就比较弱，因此他的人际关系和个人成就都会比较受限。

学会拒绝别人

接下来我们来看看另一种能力——拒绝别人的能力。这也是很多人需要修炼的，很多人就是无法拒绝别人。

每次出去演讲的时候，我都会碰到这样的提问、求助。我的方法很简单，这也是我自己摸索出来的。

我以前有"回答问题强迫症"，每次看到微博有留言都会忍不住要回答，但是问题越来越多，而且很多都是重复的。

同时，有些人是根本没有在成长的路上，连我的书也没有看过，来我这里随口一问（比方说，有人问"我加班的时候很想回家怎么办？"），所以，其实是没必要有问必答的。

但是，如果不回答这些问题，我心里会难过，于是，我学会了观察自己在不回答问题的时候，内在的羞愧（我明明可以帮他们的）、不舍（这些人好可怜），然后学会和这些感受同在，就可以放下手机，该干啥干啥去。

学会和自己的负面感受相处，而不被它驱使去做事，是成熟长大的第一步。

就像上面那位加班就想回家的同学，谁加班不想回家呢？但是大部分的人，都能够忍得住那个想回家的冲动，然后把事情做好。

我们所谓的个人成长，其实更重要的是
在待人接物的处事态度上成长，而不仅仅是
"个人感觉"上的成长。
　　学会和自己的负面感受相处，而不被它
驱使去做事，是成熟长大的第一步。

　　这位同学显然心智尚未成熟，像个孩子一样，无法涵容自己的情绪，所以会懊恼、焦虑地到微博上问我。

　　而前面我们说过，之所以不能拒绝别人的要求，主要也是因为：无法和拒绝别人以后的羞愧感待在一起。

　　所以，我鼓励那些无法拒绝别人的人，学会接受和"拒绝别人以后的感受"待在一起。

　　第一步，要去觉察自己如果拒绝别人，会有什么样的感受。

　　第二步，准备好和这些不让人舒服的感受待在一起。

　　第三步，别人又提要求的时候，给自己几秒钟的时间缓冲一下，知道自己开口说"不"以后，会有一股强烈的能量袭击我们的身体，让自己准备好接受冲击。

　　这样慢慢练习，你的拒绝力就会增强。

　　而被拒绝力，则是需要我们在被拒绝之后的痛苦中，先去觉察到身体的不舒服（体验情绪），进而请头脑出来做主："他拒绝你不是你不够好，或是不喜欢你。你到底想要从他那里得到什么？如果真的想要那样东西，就再试一次。如果觉得不想要了，就好好和自己的感受相处，让子弹飞一会儿。"

　　一个真正爱自己、对自己好的人，一定不会害怕被拒绝和拒绝别人，希望我们越来越能成为自己行为和感受的主人，而不会身不由己。

04

不要被
情绪模式牵着走

固化的思维模式，会锁死命运的走向

我认识一位瑜伽老师，她的教学方法很独特，都是她自己在练习时，克服种种困难研发出来的，和一般的瑜伽老师比较不同。

她可以塑形、正骨，并且可以帮人雕琢出比较好的体态。但是，她的内在信念充满了阻碍，让她无法顺利得到自己想要的成果。

比方说，她非常纠结自己的身体形态，因为她天生就是容易往横向发展的，属于宽广型的体质，所以，看起来不如一般的瑜伽老师高瘦、轻盈。

她的柔韧度很好，体脂也很标准，但是她动不动就几天不吃饭，要把自己饿出美好的身形（结果胃疼），或是拼命去健身房运动，

想甩掉自己身上结实的肉（结果受伤）。

当然，她心情不好的时候也会大吃大喝，之后又各种后悔，想让自己看起来"像"一个瑜伽老师。

我问她为什么这么执着于自己的身形和体重？她说，为了营销、宣传。一般人心目中的瑜伽老师，不是像她这样的身材，她觉得自己的课会卖不出去。

我跟她说，重要的真的不是外在，而是她内在有没有自信。

如果她能像她说的那么自信，确信自己拥有的是非常独特的技术，可以真的帮助到人，那么她的形象问题是其次的。

就怕她被自己的形象问题困扰，为之纠结，展现不出自己内在的自信和笃定，那人家更不会接受她了。

我们都看过身形肥胖的"美女"，还有其貌不扬的"大师"。这年头，你的气场、自信、展现出的"范儿"，才是最重要的。

我和她说了很多次，她似乎比较相信她自己，很难改变。

她还有一个障碍：天生不善言辞。而因为不自信，又不愿意主动推销自己（还有面子问题），她希望别人一看到她，就立刻主动扑上来，无须她费口舌就能招到学生。

这种一步到位、轻松成功的想法，她自己甚至不知道，这绝对是有碍她幸福成功的错误思维模式。

一个人的思维模式、情绪习惯、行为反应如果"固化"了，那他的命运就自然被"锁死"了，很难更改。

看见自己的思维模式

有一次一名读者问我："我是大龄女子，家里人一直催婚。我觉得自己还不够优秀，所以不能谈朋友。但我也怕等我很优秀了，年龄真的大了，找不到对象了，怎么办？"我说："你的想法是要优秀才能找对象，你在等待的过程中，比你不优秀的女人都谈了好几次恋爱了。

"何况，你处对象的标准是优秀不优秀，你担心自己不优秀，会找到同样不优秀的人，说明你的恋爱标准是非常世俗的——以优秀不优秀为标准。那么，碰到一个喜欢的人，你可以评判他不够优秀，所以你不能和他在一起。如果他很优秀，你就会觉得自己配不上他，也不能在一起（你真的想处对象吗？）。而抱着这个想法，你的伴侣就始终会和你有竞争比较的情结，这更是夫妻关系中的硬伤。"

这位同学可能小时候中了家里的"毒"，觉得谈朋友要门当户对，也就是条件相当才可以。

这并没有什么不对，但是抓着这点做借口，让自己迟迟不处对象，就是有问题的。所谓高不成低不就，大概就是如此。

就像前面说的瑜伽老师，其实她是对自己和这个世界缺乏基本的信任和安全感，所以抓住一个不是理由的理由，让自己无法舒服地展开自己的事业生涯。

基本上，她对自己身材的挑剔，是对这个世界恐惧的变调投射。

如果她能看到这些纠结是来自自己内在的恐惧，且愿意去承认、面对，甚至挑战这些恐惧，就能明白，她根本无须担心自己的身材会影响别人的接受度。

世界上毕竟有真正识货的人（像我，就非常欣赏她！无论她外形怎样），然而她在收集、寻找的却是这个世界会不接受她的证据，而不是接受"你看！德芬学了这么多年的瑜伽，又有很丰富的人生阅历，她都这么肯定我，那别人更可以了"。

她选择的是用自己的身材来为难自己，成为她生活中一个可以"作"的事情，这就是典型的思维模式错误。

所以，真的不是每个人都想为自己谋求幸福。

我们受既有模式的捆绑，而且相信自己是"对的"，如果不下定决心去面对、改变，是不可能轻易得到幸福的。

而那位要自己优秀以后才找对象的朋友也是，她基本上对自己的婚姻没信心，当然对自己也是没有自信的。

但是，我觉得更大的问题是来自她对婚姻的恐惧。

她童年的时候也许看到父母婚姻的一些窘境，造成了她对婚姻的不安全感，所以，长大以后要处对象时，她就找一个比较拿得出手的"借口"——自己不够优秀——来逃避面对婚姻。

如果她能对症下药，看到自己对婚姻有过多的担忧和恐惧，那就可以多去了解、收集有关婚姻的种种事实，并且找朋友或专家，进一步挖掘自己内在的恐惧，诚实地面对它，也许就可以逐步化解她莫名的恐惧。

与此同时，多了解自己、看到自己的思维模式有问题，也是很关键的。

就像这位因不够优秀而不找对象不结婚的女孩，她对于自己周边那些没有她优秀，却一直谈恋爱甚至结婚的女孩视若无睹，在意识层面把她们排除在外了（就像瑜伽老师排除我的肯定和欣赏一样）。

而我们对于自己的"病态"思想，总是可以找到"自圆其说"的方法，紧抓着它们不放，这真的很要命。

打开心，去接受

我们常常被自己的惯性思维、情绪模式牵着鼻子走，甘愿做它们的奴隶。所以，当人生困境浮现的时候，我们第一个要去面对的，真的不是外境，而是我们内在的运作模式。

像我前面举的这两个例子，大家很明显可以看到她们的问题所在，因为旁观者清。

那我们自己呢？我们自己的一些人生模式，是不是也在阻碍着我们前进，无法让我们变成更好的人？

我所谓"更好的人"并不是一个更有钱、更有知识、更成功，甚至更开悟的人，而是一个更自在、更了解自己、更知足感恩的人。

人最怕的就是不知道自己有病，尤其是心里的病。

有一次看新闻，一个流浪汉冻死街头，警方确认了他的身份，循线找到了他居然有自己的房子，而且，房子里还有几百万元的现钞！

这个人不住自己的房子，不用那些钱，而上街流浪、乞讨，最后冻死在外面。

我们自己的一些人生模式，是不是也在阻碍着我们前进，无法让我们变成更好的人？

我所谓"更好的人"并不是一个更有钱、更有知识、更成功，甚至更开悟的人，而是一个更自在、更了解自己、更知足感恩的人。

这是什么样的人？不知道自己行为有问题、不知道自己有病的人。

所以，我们做人真的要谦卑一点，遇到困难、麻烦的时候，一定要多方请教有识之士或前辈，怎样处理是最好的。

当然，我们自己内心深处要设定目标——我要让自己过得更好，也让我周围的人过得更好，这样会帮助我们不那么冲动地感情用事，也会让我们能够虚心地接受别人真诚的劝告，并且改变自己的思想和行为模式。

我是一个能够给别人提供宝贵意见的人，因为我眼光比较犀利，能一眼看到问题的症结所在。

但不是每个朋友都能够受益于我，因为，碰到不愿意说真话，不想寻求帮助和解答，或是不愿意为自己负责而成长的朋友，我是不会说什么的。

我自己这些年来不断成长、精进，就是因为我从来不认为自己修行得很好或都是对的，所以遇到挫折、困难、问题的时候，我总是非常愿意去多方咨询朋友、老师的意见，从而改变自己的模式。

而有人愿意跟我说真话，这是最让我感激、感动的。

想让自己更加自由、自在、快乐、喜悦吗？那就打开你的心去接受对自己有帮助的建议吧！

不要让自己年纪轻轻思维就固化了，那只会让你越老越怪、越封闭越不顺。希望不要这样，祝福大家！

05

想通这四点，你就不会
被负面情绪控制了

你能不生气吗？现代人生活步调快速而紧张，很多人压力大，于是脾气变得越来越暴躁。而往往坏脾气都是留给了最亲近、最重要的人，对越不熟悉的人反而越有礼貌。

所以，我出去演讲的时候，常常被问到这个问题："德芬老师，我们怎么样才可以不生气啊？"

生气，还要修炼

为什么生气会成为一种"身不由己"的现象？因为我们的脑神经回路动作太快，我们的理智还来不及干预的时候，它就依照惯性方式去面对、回应了。

面对自己的脾气，除了在身体、情绪和能量上面下功夫，要在自己的思想层面做出改变。

我先说说如何在思想层面努力，因为我自己在这方面实践的结果成效很大。而身体、情绪以及能量方面，我会在这篇文章的最后和大家概述一下。它们都是非常重要的，因为可以拉长"事情发生"到你"做出反应"之间的时间，让你比较有余地选择自己的反应方式。

想要不生气，你自己一定要先做出承诺、下定决心——我不想再生气了！！然后你带着好奇心去看自己生气背后的动力究竟是什么。这个动作是非常重要的，否则我们就是会被情绪牵着鼻子走。

我研究自己生气的原因，综述如下：

1. 不甘承受损失。

2. 不被尊重地对待。

3. 感到愧疚、羞惭。

4. 被别人耽误了我的时间和效率（这是引发我生气频率最高的原因）。

当我下定决心要尽量少生气之后，我会去特别留意自己生气之前的一些生理反应。比如手脚冰冷、四肢僵硬、心跳加速、胃部抽搐、心口发闷等，我感受到这些反应的时候，就会带着高度警觉去研究自己"此刻究竟发生了什么事"。

有一次我的庆生会上，主办单位请了一位老师来表演助兴。她

199

表演完自己的项目之后，突然不按常理出牌，开始带领大家进行冥想。她把一首非常悲情的音乐放得震天动地般响亮，还用非常煽情的声音带领大家和自己父母交流。我在现场没有意识到发生了什么事，还很努力地想配合融入她带领的冥想中。可是，不走心的东西是没有能量的，我无法跟上，只能尴尬地坐在那里。

后来，朋友把我带出场外，到了场外，我发现场内已经是一片哭哭啼啼的愁云惨雾了。我的生日，呃，有点尴尬，因为后面的节目就是要切蛋糕庆生了。我有点不悦，因为我八十七岁的老爸特别从台湾一个人飞过来参加我的庆生会，他最讨厌听到哭哭啼啼的声音，我担心他会不高兴，所以让人赶紧地把他请出来。

第二点不悦，就是我接下来还有事情，这位老师冥想之后，还要现场同学分享心得，这一拖就耽误了一个多小时。我就告诉主办单位："蛋糕别切了吧。都哭成这样了，还什么生日快乐。"

不过，我是带着笑容说的，一点也没生气。我真心不想切蛋糕了，而且觉得切蛋糕没啥意义了，所以只惦记着下面的事情，想走人。主办方特别不好意思，他们也没料到这名老师会突出奇招，把一个欢乐的庆生会弄成像送殡似的。主办单位跟我保证主持人会立刻阻止他们继续下去，让我进去切蛋糕。

好吧，既然答应人家了，我就把戏唱到底吧。于是我又高高兴兴地和那些脸上泪痕未干的同学一起唱生日快乐歌，切蛋糕。等我能够离开的时候，我之前安排好的事情已经无法办理了。

这件事情，犯了我会生气的几个大忌：

1. 承受了损失（事情没办成）。

2. 不被尊重地对待（那位老师大概忘了她是来帮我庆生的，只顾抓住机会彰显自己）。

3. 愧疚（对老爸不好意思）。

4. 时间损失（耽误了一个多小时）。

但是因为我下定决心要面对自己的怒气，所以体会到这些感受上来的时候，我能一一认清它们，并且不让它们勾起我的怒气。但是，现在在我的生活中，我也不是完全不会动怒的。

2019 年我生过的两次程度较大的气，一次是跟儿子，一次是跟助理。说出理由的话，他们都是过分了。但是我看自己的问题，就在于"现实和期望相差太大"或是"毫无防备的情况下被袭击"。所以，我很感恩这两次生气，让我看到自己还需要修炼的地方。

觉知意识层面的问题

我年轻的时候脾气特别不好，动不动就会勃然大怒，所以，我相信，只要你有足够的愿心，想要修正自己，脾气自然会越来越好。但是，觉知和意愿，这两者是缺一不可的。

记得有一次和一位非常有钱的朋友一起出行，在机场的时候她的行李超重，被罚了两百多元。她愤愤不平，一路抱怨，懊悔（"刚刚把一些东西放到你箱子里就好了，这个机场怎么这么讨厌，就差那么一点就要罚我的钱……"），走了好长的一段路之后，我终于开口了："亲爱的，这两百多元对你来说真的是小数目，但是，为了它，你已经死了多少健康的细胞、创造了多少癌细胞，花了这么多时间不愉悦地惦记它，值得吗？"

她听我这么一说，才闭上了嘴。

她是吃斋念佛的人，每天早上起来做"功课"要做好几个小时，可是对于自己的怒气和小气没有觉知，也没有意愿要改变，那么，这些修炼的目的是什么呢？

我在微博上写过这样一段话：有没有可能一个人只修行而不成长？很多人以为修行是盘腿打坐、习练瑜伽、诵读经书、闭关吃素等这些流于形式的东西。在现实中，他们可能情关、钱关、名利关、做人关都没过……

当你没有意识到自己的问题并且下定决心去改变时，所有的修行可能只是你小我的装饰而已。

关于生气这件事，我把身体、能量、情绪这三方面的功夫放到最后说，因为，如果你没有在意识层面清楚地觉知自己的问题，你就算可以盘腿打坐三个小时、长年吃素、身体柔软什么瑜伽姿势都可以做、每天磕一百个大头，都没有用。

照顾好你的身体和头脑

当然，还有更多的人是知道做不到。这个时候，你对自己生气的理由就要有明确的认识，并且能够在头脑层面就予以化解。

像我上面举的例子，我在意识层次上对自己的思想做了很多工作:

1. 承受了损失：我对自己不止一次地说过——你可以承担损失的，德芬。这个世界不是围着你转的，不是什么好事都是你的，有的时候，你是会遭遇一些损失的。想想你拥有、得到了那么多，损失也是正常的。

2. 不被尊重地对待：在别人心中，不是故意冒犯你的。只是对她来说，她有更重要的东西要表达，想展现，不是对你不尊重。如果真的有人不尊重你，那他的表现方式一定很低劣，这种人你何必与他一般见识呢?

3. 愧疚：我学会和自己的这种感受待在一起，不把它丢出去要别人为我承担。虽然表面上看是他人导致的，但还是我自己对号入座、承接了，和他人无关。当然，那天我爸爸没有不高兴，只是觉得有点莫名其妙。如果他很不高兴，我可能会对这件事情的不悦程度又增加一分，但也就如此而已，不会有怒气。

4. 时间损失：我修这个学分好多次了，所以已经不会太计较别人耽误、浪费我的时间，自然也没有怒气产生。上面说的所有所谓"修行"的方法，对于减少我们的怒气都是有帮助的。否则，即使你在头脑层面可以自圆其说，但那个怒气加诸身体上的感受和负担却是我们不愿意去接纳的，我们只好把脾气发在某个人身上，让他来"分担"。

把自己的身体照顾好，这是想要不生气的最基本的条件。一个身体不舒服的人，肯定会比他身体愉悦的时候更加暴躁易怒，除非

203

他修行得特别好。而在能量上，我们可以利用冥想、瑜伽、音乐、绘画等能量疗法，消除堆积在自己能量中心（主要是脉轮）的负面能量，这样，生气的概率、频率和强度都会变低。最后，生气其实是一种情绪习惯，我们大脑里面已经形成了这样的神经回路，所以会用怒气来回应我们。

　　面对不喜欢的人、事、物，我的方法是，看到这是自己的情绪习惯，每当怒气升起的时候，如果头脑的解释（思维的转换）都无法消弭它时，我会谦卑地（是的，谦卑地）和怒气待在一起，敞开心去迎接它要给我的礼物。最后我发现，原来我有好多悲伤藏在这怒气之下，最里面是那个童年受到母亲压抑、控制的委屈小女孩。于是，我让她放声大哭一场，把压抑的泪水和愤怒透过这样的方式释放出来。哭完之后，怒气早已消散，而心头的感觉，就像乌云散去之后般轻松安适。大家可以试试看。

06

**真正爱自己的人，
不讨好别人，不苛责自己**

"亲爱的，外面没有别人，只有你自己"这句话，真的有很多重的解释。

我们从心理学的名词"投射"来看看自我批判带来的问题，进而对这个流传甚广的金句（虽然它让人听了心有戚戚焉，但又常常解释不了），提供一个引申和例证。

女儿跟我分享：他们几个同学有一次开车去滑雪，结果路上遇到大风暴，被困了，两个男生大甲和大乙出去求援。

大家在焦急等待的过程中，大甲的女友自在地和大家谈天说地，大乙的女朋友有点看不惯，背后说："她怎么可以在这种情况下还若无其事地这么开心？"

这话后来传到大甲女友的耳中，她勃然大怒，整整一年没有搭理大乙的女友，而大甲和大乙在学校是最好的兄弟，所以弄得大家挺尴尬的。

为什么这样简单的一句话，会引起这样大的情绪呢？

让你暴怒的，都戳到了你的痛处

先说大乙的女友吧，好端端的去说别人干吗？很简单，那是因为她自己内在非常煎熬，担心男友的安危，快承受不住了。

所以看到大甲的女友居然毫不在意，所以就把那份焦虑投射出来，变成责怪，这股能量冲着大甲女友去，好让自己的担心获得一些舒缓。

大乙女友没有想到，每个人对其他人关切的方式、看待事物的态度，可能都有所不同。担心、紧张、焦虑，并不能帮助到当时的情况，更不能给男友带来助益。

而大甲女友就是一个比较不会担心的人，所以，她只是在那里舒舒服服做她自己而已，她的性格就是如此，并没有多想什么。

但是，被大乙女友指责之后，大甲女友的暴怒就很耐人寻味了。

当别人一句话就让你暴怒的时候，显然是戳到了你的痛处了。

大乙女友其实也不是指责，只是一句埋怨而已，她希望她的焦虑、担心能有人一起分担。

然而大甲女友的反应，显示了她平时就是对自己非常地严苛、不满意，所以别人随便一句不中听的话就会打到痛处，让她无法面

207

对，只好迁怒于他人，避免自己去面对。这就是所谓的恼羞成怒吧！

爱自己，不赋予别人伤害我们的权利

我可以想象，如果当时是我女儿的男友去外面求援，我女儿也不会太过担心的，因为这就是她的个性。而如果有人在背后这样说她，她顶多也是一笑置之，因为她足够爱自己，平常对自己很少苛责。

当然这和她天生的性格以及后天的教育有关。

从小我女儿就非常乖巧听话，长得又漂亮，所以很讨人喜欢，很少被骂，我们总是称赞她、呵护她。

这个故事让我们看到，一件事情的发生，都有很多的心理过程。但总去批判别人，或是遭到批判就会勃然大怒的人，一定是自己内心先放弃了自己，没有在心里维护自己，才会受不了别人轻微的、无关痛痒的批判。

而我注意到，每当想要批判别人的时候，都是自己内心不舒服才会这么做的：也许是觉得自己委屈，或是觉得被误解，或是觉得自己不够好……批判别人之后，这些感受会获得缓解，甚至有高人一等的优越感出现。

当你去批判别人，以上的负面感受都会获得短暂的纾解，但是后面带来的，却是更多的口舌纷争和自己内心的无法安宁。

同样地，当你看到别人的脸色，觉得别人没有善待你、尊敬你、喜欢你的时候，一定是你在自己内心，已经不善待、不尊敬和不喜欢自己在先了，所以才能允许别人这么做。

否则，就算看到别人面色不善，或是说话不客气，你只会据理力争，而不会受到情绪上的伤害。

还有就是所谓的被抛弃，我想不通一个独立自主的成年人何来被抛弃一说。

肯定是自己先抛弃了自己的完整性，托付依赖了别人，别人一离开，我们就摔个跟头，坐在地上哇哇哭，像个被抛弃的孩子，其实是你先抛弃了自己。

所以，外面没有别人，我们必须在自己的内心常常陪伴自己，喜欢自己，才能不去赋予外在的人、事、物有伤害我们的权利。

允许自己、别人去做自己

209

有些读者会问我，和婆婆相处不好，怎么办？

我有一个朋友，她和前后两个婆婆之间，从来没有任何问题，因为她从来不觉得需要去讨好婆婆，也不在意婆婆怎么看她。当然，这是因为她在亲密关系中是占优势的一方，她的男人很爱她。

但是，这也是她的一种天性使然的选择。

在以前的婚姻中，我的前夫也很爱我的时候，我和婆婆相处还是紧张的，因为我在意她，我心中有一个想要做"好媳妇"的自我要求。

这个强烈的要求，让我特意想要讨好婆婆，会去看她的脸色，在意她怎么看我，怎么想我，因此，关系反而紧张。

其实我前婆婆是个非常好、非常善良正直的人，离婚之后，我们的关系反而变得前所未有的良好。

2017 年我去美国学习的时候，住在他们家里，他们每天中午还帮我准备便当带出去吃。当我放下想要做"好媳妇"的欲求，只是自由自在地做自己，没有权利义务之间的羁绊，关系反而变得特别舒服。

所以，让自己舒舒服服地回到中心，坐在"正位"之上，不刻意去"掠夺"别人的能量——也就是说：开开心心的不去讨好，不去夺取注意力，不去求取别人的认同和赞赏，没有既定的、非要不可的意图或隐藏的议题。而只是归于中心地做好自己，活在每个当下时刻的圆满里。那么，你不但自己舒服，也让别人都归于他们自己该有的位置了。

暑假的时候和两个孩子参加"玩有引力"举办的日本东京北海道之旅，同行的团员都非常羡慕我和孩子的互动，非常流畅自然，亲密友好。

其实没有什么秘诀，就只是我让他们舒舒服服做自己，看他们没毛病，有该沟通交流的地方我会去说，但是不会去干涉他们太多。

我儿子、女儿个性相差甚多，两个人其实彼此并不那么友好。只有在他们吵嘴的时候，我会非常中正地指出两个人该注意的地方，但从来不会人身攻击或是批判对错。

主要的原因就是，我对他们没有预判，没有特别的要求，我允许他们做自己。

　　这个"允许"是非常重要的素质。先允许我们做好自己，然后再允许其他人做好自己，那么，你的世界就是太平的了。

211

后 记

内观自己的情绪模式

我的一位朋友2019年11月初突然过世了，非常令人意外。

他是养生专家，在家吃了过期的大枣，中了黄曲霉素的毒，但是他用催吐以及自己的排毒方法处理之后，没有去医院。

休养几天之后，他还出差到外地，吃饭付账时突然倒地不起，现场有医生立刻施以急救，但他没等救护车赶到就无生命体征了，享年五十一岁。

这个朋友为人豪迈，口才犀利，带领了一批弟子，弟子们都很尊敬、爱戴他。我听过他的课，的确口才了得，内容也发人深省。

　　他的养生观念虽然为某些人诟病，引发一些争议，不过如果你断章取义任何人说的话，都有可能产生误解和恶评。

　　最后夺去他生命的，绝对不是错误的养生观念，而是他的生活方式和思维方式。

你的地图，不是疆域

　　身为养生专家，他可能对自己的健康太过自信，所以掉以轻心，常熬夜，不好好休息。我感觉他就是常年缺觉，没有静养过，所以即使催吐、排毒了，还是抵抗不了黄曲霉素的剧毒。

　　另一个很重要的原因就是：他爱面子，不愿意上医院。

　　当然他平常对于传统医疗是比较不待见的，所以出了事也不愿意自己打脸上医院，耽误了救治的时机，让人扼腕、难过。

　　有人说另一位养生专家也是 2019 年 6 月过世了，享年五十九岁。

　　这位养生专家是一位才子，对传统国学很有研究，也是太极拳、武当拳的高手。同样地，也是他的生活方式和思维方式造成了问题。

　　这位养生专家生活也是太忙、太累，没有好好休息以及持续练习自己的功夫。思维方式的问题是，他认为自己不会生病，所以没有定期体检，甚至有一些病兆出现了也不以为意。

看了这两个案例，我不禁回看自己，有没有因为我好像是"个人成长"专家，就犯了同样的错误呢？

这种错误是来自不理解"地图不是疆域"（Map is not the territory）这个概念。这句话的意思是，你心中的世界（地图），并不代表着真实的世界，而我们常常被自己的头衔、身份、看法、思维、情绪和特定的情境绑架，制定出了一个自己的生命蓝图，和实际的世界、现实的生活是脱节的。

我们的内在地图可以说是我们的价值观、生活观、世界观，是我们看待所有事物的观点，以及回应人、事、物的方式。如果，这个地图不切实际或不合时宜了，你就会一直在生命中制造问题。

所以，才会有养生专家英年早逝，才会有个人成长老师、大师爆出丑闻，才有北大高才生被男友情感语言虐待而自杀。这些都是因为他们太相信自己的内在地图，丝毫没有想要改变的意思。

因为改变牵扯到辛苦地努力，走出舒适区，面对未知，面子受损，不安全感等问题，所以，紧抱着自己的地图不放是比较容易而且感觉安全的。很多人的地图就是他们的保护伞，他们守护着个人的疆土和存在感，不容侵犯。

你做人做事的准则？

回想我从个人成长开始之后的生活，几乎都是在改写我自己的内在地图。那么，要如何改写呢？

只要碰到困难、问题、阻碍、麻烦，我就知道是我的"地图"出了问题，而不是外在的疆域有问题。

比方说，我的亲密关系，在这门功课上我发现了太多的盲点和自以为是，并且还在不断地改进当中。我喜欢看到自己地图的问题，进而改写它。

但大多数人不是，他们觉得自己的地图是对的，对于碰撞到他们地图的人、事、物，或敬而远之，或不断抱怨，就是没有想过自己的地图可能是有问题的。

养生专家有他们自己的坚持和想法，最后导致他们英年早逝，而我们每个人何尝不是因为自己的地图和实际疆域不同，而一直在生命中创造出问题来？

如何修改自己内在的地图呢？第一，你要承认自己有一套固定的做人做事的准则和看法，而这些准则和看法有可能是错误的。

要做到这一点相当不容易，因为每个人都习惯了用自己的惯性思维模式思考、做事、回应，不愿意去挑战自己，所以我很少看到非常清醒的人。

清醒的人意味着不受自己的惯性约束，能够从善如流地改变自己的应对方式，为自己的最高利益服务，而不是为自己的情绪意气用事。

每一次，当我痛苦、烦恼、生气的时候，我就知道，一定是我内在的某个错误想法在主导我的行为，我会安静地向内看去，找出它来，进而改变它。

比方说，我常常遇到收了很多钱但是服务很差的商家，也常常有人利用我的信任和慷慨来取得不公平的利益。

我如果为这些事情困扰、痛苦、愤怒，我就知道我没有放下"被别人占便宜、不公平对待，甚至误解"这个模式，它是我人生的一个重要的关卡。

迭代你的地图

为自己的反应方式负责，实在是太重要的成长标志了。所以第二件我们可以做的事情，就是认出自己的惯性情绪。

我们的惯性情绪有很多，最普遍的就是生气、嫉妒、恐惧等。当然，每个情绪惯性下面又可以细分为：因为不被爱而生气，因为被占便宜而生气，因为不被尊重而生气等模式。

我真的在这里掏心挖肺地和大家说一句大实话：目前我们生命中的困境，让我们痛苦纠结的人、事、物，真的都是我们自己内在原本就有的情绪感受带来的，我们只是找个身边的或是看得见的人、事、物挂靠上去，然后发泄出来而已。

我观察自己无数次，然后看着事情如何演变，最后都证实我的看法：这种情绪是我自带的，对方只是被我"挂靠"而已。

我也观察身边的人，这样更清楚地看见：同样一件事情，为什么有些人丝毫不在乎，有些人却愤怒不已，还有些人恐慌不已？

所谓"清醒的人"，就是会去看到自己的这种窘境，而愿意内观自己的情绪模式，并且接纳那个自己最讨厌的、不舒服的感受。

沉睡的人，始终责怪外境，不会改变，在他们自己的地图里面绕圈圈，责怪这个世界和其中所有的人辜负了他们，或是严格按照自己的地图行事，最后被困在里面。

所以第三件要做的事情就是，学会接受自己不喜欢的情绪模式。

比方说，我讨厌不被人尊重，不喜欢被利用，这些可能是我的情绪模式，因此，我在这些方面就会格外"敏感"，当碰到这种情绪的时候，我可以学着和它好好相处，接受它带给我的种种不快和不舒适，然后再去应对外在的人、事、物。

北大女生包丽被虐而自杀的事件，真的让我心痛不已。包丽显

然也是活在自己的世界中，让一个渣男的地图 overwrite（覆盖）遮盖了她的世界。

如果她有一个支持、对照的系统，和老师、朋友、父母商量一下，就会知道她变态男友的种种语言、要求，都是不正常的。

所以第四件我们要做的事，就是要建立一个知识更新和情感支持的系统，让我们的想法能够与时俱进。

我们的情绪、情感，有各种不同的支持来源，可以是父母、同学、老师、朋友、志趣相投或是有共同信仰的同志等，不能把自己的地图版本局限在一个小小的范围之内。

所以，不断检验自己的地图，并且多和其他人碰撞、理解现实的世界究竟是什么样子的，非常重要。

比方说，包丽的案例中，"不是处女"这件事，在多年前某些地区，可能是一件要命的事，但那个地图现在已经过时了，现实的世界改变了。

就像导航系统一样，我们必须不断地迭代更新自己的地图，确知我们走在正确的道路上，就不会有这么多的悲剧发生了。

图书在版编目（CIP）数据

情绪自由 人生更轻盈 / 张德芬著 . -- 长沙：湖
南文艺出版社，2021.4（2022.10重印）
　　ISBN 978-7-5726-0084-5

　　Ⅰ.①情… Ⅱ.①张… Ⅲ.①情绪—自我控制—通俗
读物 Ⅳ.① B842.6-49

中国版本图书馆 CIP 数据核字（2021）第 030440 号

上架建议：心灵成长·励志

QINGXU ZIYOU　RENSHENG GENG QINGYING
情绪自由 人生更轻盈

作　　者：张德芬
出 版 人：曾赛丰
责任编辑：匡杨乐
监　　制：邢越超
策划编辑：李彩萍
特约编辑：尹　晶
营销支持：霍　静　周　茜
封面设计：利　锐
版式设计：李　洁
封面插画：强鸣汉（Instagram @ minghan_art）
内文插画：视觉中国 范　薇
出　　版：湖南文艺出版社
　　　　　（长沙市雨花区东二环一段 508 号　邮编：410014）
网　　址：www.hnwy.net
印　　刷：三河市天润建兴印务有限公司
经　　销：新华书店
开　　本：875mm × 1270mm　1/32
字　　数：180 千字
印　　张：7.5
版　　次：2021 年 4 月第 1 版
印　　次：2022 年 10 月第 5 次印刷
书　　号：ISBN 978-7-5726-0084-5
定　　价：52.00 元

若有质量问题，请致电质量监督电话：010-59096394
团购电话：010-59320018

负面情绪背后，

一定藏着生命的奇迹和礼物。

当你看见它、超越它，

你会发现当下所有的不如意都会消失。

你会遇见最好的自己，

还有全新的、充满喜悦的丰盈人生！